電験三種

電力

集中ゼミ

石原　昭 監修　南野尚紀 著

DENKEN

東京電機大学出版局

● ま え が き ●

　本書は，電気主任技術者第三種(電験三種)国家試験の『電力』を受験する方にとって必要な知識をまとめたものです．

　技術科目は，その原理や理論の大部分が100年以上前に知られていたものがベースとなっています．『電力』は，出題における数値や想定はいろいろありますが，解くために利用される原理や公式はその長い歴史の中で使い回されているものです(理数系の科目を得意とする方にとってはオアシスといえる科目かもしれません)．

　本書の中には多くの計算式が出てきます．それらすべてを丸暗記するに越したことはありませんが，そんなことは無理というものです．原理を理解すれば自ら導き出せる式も少なくはありません．そうした考察が理解を深めることになると思います．

　国家試験問題の解説については，著者目線でよいだろうと判断した手法によるものです．もっと優れた解き方を思いつかれた方は，そちらを優先して下さい．内容をしっかりと理解できた証拠なわけですから自信をもってよいと思います．

　通勤や通学，お散歩やお買い物にお出かけの際に電信柱を見上げるだけでも学習になることがあります．とくに専門用語や材料など本書で学んだ知識を実物と照らし合わせてみて下さい．百聞は一見に如かず．テキストだけが教材ではありません．電気について好奇心をもって臨めば合格は目の前です．

　電験三種は難しくありません．

　しかし，国家試験の合格率は非常に低く難関の資格といわれています．その理由の一つに既出問題がそのまま出題されないことが挙げられます．

　そこで，単なる既出問題の解答を暗記しただけではだめで，問題の内容を十分に理解して解答しなければなりません．また，試験時間が短いので，短時間に問題を解答するテクニックも重要です．

　問題を解くテクニックや選択肢を絞るテクニックは，本書のマスコットキャラクターが解説します．

　本書のマスコットキャラクターと楽しく学習して，国家試験の『電力』科目に合格しましょう．

2022年3月

著者しるす

計算力がついてくれば
電力科目は楽勝だよ

● 目　　次 ●

合格のための本書の使い方 ……………………………………………………… vii

第1章	発電設備

1·1　水力発電 ……………………………………………………… 2
　1·1·1　ダムの種類 …………………………………………… 2
　1·1·2　ベルヌーイの定理 …………………………………… 3
　1·1·3　水力発電所の出力 …………………………………… 3
　1·1·4　水車の種類 …………………………………………… 4
　1·1·5　比速度とキャビテーション ………………………… 5
　1·1·6　速度調定率 …………………………………………… 6
　　国家試験問題 ……………………………………………… 7

1·2　火力発電 ……………………………………………………… 13
　1·2·1　熱サイクルの種類と特徴 …………………………… 13
　1·2·2　蒸気の流れと熱効率向上策 ………………………… 14
　1·2·3　火力発電所の熱効率 ………………………………… 15
　1·2·4　蒸気タービンの種類 ………………………………… 18
　1·2·5　タービン発電機の冷却 ……………………………… 18
　1·2·6　燃料 …………………………………………………… 19
　1·2·7　火力発電所の環境対策 ……………………………… 19
　　国家試験問題 ……………………………………………… 21

1·3　原子力発電設備 ……………………………………………… 28
　1·3·1　原子力発電の原理と構成 …………………………… 28
　1·3·2　沸騰水型原子炉 ……………………………………… 29
　1·3·3　加圧水型原子炉 ……………………………………… 30
　1·3·4　核燃料サイクル ……………………………………… 30
　　国家試験問題 ……………………………………………… 32

1·4　その他の発電設備および電池 ……………………………… 36
　1·4·1　ガスタービン発電とコンバインドサイクル発電 …… 36
　1·4·2　ディーゼル発電 ……………………………………… 37
　1·4·3　再生可能エネルギー ………………………………… 38
　1·4·4　燃料電池 ……………………………………………… 41

1・4・5　二次電池 ……………………………………… 41
国家試験問題 ………………………………………………… 42

第2章　変電設備

2・1　変電所 …………………………………………… 48
2・1・1　変電所・送電線・配電線 ……………………… 48
2・1・2　変圧器 ……………………………………… 48
2・1・3　開閉設備 …………………………………… 49
2・1・4　調相設備 …………………………………… 51
2・1・5　計器用変成器 ……………………………… 52
2・1・6　避雷器 ……………………………………… 52
2・1・7　周波数変換装置 …………………………… 53
2・1・8　直流送電 …………………………………… 53
国家試験問題 ………………………………………………… 54

2・2　変圧器の結線 …………………………………… 61
2・2・1　変圧器の結線 ……………………………… 61
2・2・2　中性点接地方式 …………………………… 62
2・2・3　変圧器の結線方式 ………………………… 63
国家試験問題 ………………………………………………… 65

2・3　変圧器の並行運転と短絡電流 ………………… 71
2・3・1　並行運転の条件 …………………………… 71
2・3・2　負荷分担 …………………………………… 71
2・3・3　％インピーダンス ………………………… 72
2・3・4　短絡電流 …………………………………… 73
国家試験問題 ………………………………………………… 75

第3章　架空送電

3・1　架空送電線の構成 ……………………………… 82
3・1・1　支持物 ……………………………………… 82
3・1・2　電線 ………………………………………… 82
3・1・3　がいし ……………………………………… 83
3・1・4　アーマロッド ……………………………… 84
国家試験問題 ………………………………………………… 85

3・2　障害対策 ………………………………………… 86
3・2・1　雷害 ………………………………………… 86
3・2・2　誘導障害 …………………………………… 87

3・2・3　コロナ放電 ……………………………………… 89

3・2・4　塩害 …………………………………………………… 90

3・2・5　振動 …………………………………………………… 90

国家試験問題 ……………………………………………………… 92

第4章　配電

4・1　架空配電線の構成 ……………………………………… 98

4・1・1　架空配電線の構成 ……………………………… 98

4・1・2　絶縁電線 …………………………………………… 98

4・1・3　保護装置 …………………………………………… 99

4・1・4　区分開閉器 ………………………………………… 99

4・1・5　柱上開閉器 ……………………………………… 100

4・1・6　電圧調整 ………………………………………… 100

国家試験問題 …………………………………………………… 101

4・2　電気方式 …………………………………………………… 105

4・2・1　単相**2**線式および単相**3**線式 ……………… 105

4・2・2　バランサ ………………………………………… 105

4・2・3　三相**3**線式および三相**4**線式 ……………… 106

4・2・4　送電電力の比較 ………………………………… 106

4・2・5　電力損失の比較 ………………………………… 107

4・2・6　電線量の比較 …………………………………… 108

国家試験問題 …………………………………………………… 110

4・3　配電方式 …………………………………………………… 115

4・3・1　樹枝状方式 ……………………………………… 115

4・3・2　ループ方式 ……………………………………… 115

4・3・3　低圧バンキング方式 …………………………… 116

4・3・4　スポットネットワーク方式 …………………… 116

4・3・5　レギュラーネットワーク方式 ………………… 117

国家試験問題 …………………………………………………… 118

4・4　機械的要素 ………………………………………………… 120

4・4・1　たるみ …………………………………………… 120

4・4・2　温度変化の影響 ………………………………… 120

4・4・3　電線の受ける荷重 ……………………………… 121

4・4・4　支線の種類 ……………………………………… 121

4・4・5　支線の張力 ……………………………………… 121

4・4・6　支線の条数 ……………………………………… 122

国家試験問題 …………………………………………………… 123

第5章　地中電線路

5・1　地中電線路の構成 ……………………………………… 128
　5・1・1　地中電線路の特徴 ……………………………… 128
　5・1・2　布設方式 ………………………………………… 128
　国家試験問題 ……………………………………………… 130

5・2　ケーブル ………………………………………………… 133
　5・2・1　ケーブルの種類 ………………………………… 133
　5・2・2　充電容量 ………………………………………… 134
　5・2・3　ケーブルの損失 ………………………………… 135
　5・2・4　許容電流 ………………………………………… 136
　国家試験問題 ……………………………………………… 137

5・3　故障点の評価と劣化診断 …………………………… 142
　5・3・1　マーレーループ法 ……………………………… 142
　5・3・2　パルスレーダー方法 …………………………… 143
　5・3・3　静電容量法 ……………………………………… 144
　5・3・4　絶縁劣化診断 …………………………………… 144
　国家試験問題 ……………………………………………… 144

第6章　電気的要素

6・1　力率 …………………………………………………… 148
　6・1・1　電圧と電流の位相差 …………………………… 148
　6・1・2　力率 ……………………………………………… 149
　6・1・3　力率改善 ………………………………………… 150
　国家試験問題 ……………………………………………… 151

6・2　送受電端電圧と電力 ………………………………… 153
　6・2・1　送受電端電圧と電力 …………………………… 153
　6・2・2　電圧降下 ………………………………………… 153
　6・2・3　電圧降下率 ……………………………………… 154
　6・2・4　電圧変動率 ……………………………………… 154
　6・2・5　電力損失率 ……………………………………… 154
　6・2・6　フェランチ効果 ………………………………… 155
　6・2・7　π形回路 ………………………………………… 155
　6・2・8　T形回路 ………………………………………… 157
　6・2・9　安定度 …………………………………………… 158
　国家試験問題 ……………………………………………… 159

6・3　その他の電気的特性 ………………………………… 166

6·3·1　電線の抵抗 ……………………………………………… 166
6·3·2　ループ式線路 …………………………………………… 166
国家試験問題 …………………………………………………… 167

| 第7章 | 電気材料 |

7·1　導電材料 ………………………………………………… 172
7·1·1　導電材料の要件 ………………………………………… 172
7·1·2　導電材料の種類 ………………………………………… 173
7·1·3　半導体材料 ……………………………………………… 173
国家試験問題 …………………………………………………… 173

7·2　絶縁材料 ………………………………………………… 175
7·2·1　絶縁材料の要件 ………………………………………… 175
7·2·2　気体絶縁材料 …………………………………………… 175
7·2·3　固体絶縁材料 …………………………………………… 176
7·2·4　液体絶縁材料 …………………………………………… 176
7·2·5　絶縁劣化 ………………………………………………… 177
国家試験問題 …………………………………………………… 178

7·3　磁性材料 ………………………………………………… 181
7·3·1　磁性材料と要件 ………………………………………… 181
7·3·2　ヒステリシス曲線 ……………………………………… 181
国家試験問題 …………………………………………………… 183

索　引 …………………………………………………………… 185

合格のための本書の使い方

　電験三種の国家試験の出題の形式は，多肢選択式の試験問題です．学習の方法も問題形式に合わせて対応していかなければなりません．

　国家試験問題を解くのに，特に注意が必要なことを挙げますと，

1　どのような範囲から出題されるかを知る．
2　問題のうちどこがポイントかを知る．
3　計算問題は，必要な公式を覚える．
4　問題文をよく読んで問題の構成を知る．
5　分かりにくい問題は繰り返し学習する．
6　試験問題は選択式なので，選択肢の選び方に注意する．

本書は，これらのポイントに基づいて，効率よく学習できるように構成されています．

　練習問題は，過去10年間程度の国家試験の既出問題をセレクトし各項目別にまとめて，各問題を解説してあります．

　国家試験に合格するためには，これまでの試験問題を解けるようにすることと，新しい問題に対応できる力を付けることが重要です．

　短期間で国家試験に合格するためには，コツコツ実力を付けるなんて無意味です．試験問題を解答するためのテクニックをマスターしてください．

　試験問題を解答する時間は1問当たり数分です．短時間で解答を見つけることができるように，解説についても計算方法などを工夫して，短時間で解答できるような内容としました．

　問題の選択肢から解答を見つけ出すには，解答を絞り出す技術も必要です．選択肢は五つありますが，二つに絞ることができれば，1/2の確率で正答に近づけます．各問題の選択肢の絞り方は「テクニック」で解説します．

　また，解説の内容も必要ないことは省いて簡潔にまとめました．

> 数分で答えを見つけなればいけないのに，解説を読むのに10分以上もかかっては意味ないよね．

● 傾向と対策 ●

✓ 試験問題の形式と合格点

形　式	選択肢	問題数	配　点	満　点
A形式	5肢択一式	14	1問5点	60点
B形式	5肢択一式	3	1問10点	40点

　B形式問題は，（1）と（2）の二つの問題で構成されています．各5点なので1問は10点の配点です．4問のうち2問から1問を選択する問題があるのでB形式問題は3問解答します．

　試験時間は90分です．答案はマークシートに記入します．

　本書の問題は，国家試験の既出問題で構成されていますので，問題を学習するうちに問題の形式に慣れることができます．

　試験問題は，A形式の問題を14問と，A形式の2問分の内容があるB形式の問題を3問解答しなければなりません．B形式の問題を2問分とすれば，全問で20問となりますから，試験時間の90分間で解答するには，1問当たり4分30秒となります．

> 直ぐに分かる問題もあるので，少し時間がかかる問題があってもいいけど，10分以内には答えを見つけないとだめだよ．

　そこで，短時間で解答できるようなテクニックが重要です．本書では各問題に解き方を解説してあります．国家試験問題は，同じ問題が出るわけではありませんが，解答するテクニックは同じ方法で，試験問題の答えを見つけることができます．

　試験問題は多肢選択式です．つまり，その中に必ず答えがあります．そこで，テクニックでは答えの探し方を説明していますが，いくつかの穴あきがある問題を解くときには，選択肢の字句が正しいか誤っているのかによって，選択肢を絞って答えを追いながら解くことが重要です．問題によっては，全部の穴あきが分からなくても選択肢の組合せで答えが見つかることがあります．また，解答する時間の短縮にもなります．

　国家試験では，√キーのある電卓を使用するころができますので，本書の問題を解くときも電卓を使用して，短時間で計算できるように練習してください．ただし，関数電卓は使用できません．指数や$\log_{10}$の計算は筆算でできるようにしてください．

✓ 各項目ごとの問題数

　効率よく合格するには，どの項目から何問出題されるかを把握しておき，確実に合格ライン（60％）に到達できるように学習しなければなりません．

　各試験科目で出題される項目と各項目の平均的な問題数を次表に示します．各項目の問題数は試験期によって，それぞれ1問程度増減することがありますが，合計の問題数は変わりません．

理　　論	
項　目	問題数
発電設備	6
変電設備	3
送電	3
配電	4
電気材料	1
合　計	17

● チェックボックスの使い方 ●

1 **重 要 知 識**

① 国家試験問題を解答するために必要な知識をまとめてあります.

② 各節の ● 出題項目 ● CHECK! には, 各節から出題される項目があげてありますので, 学習のはじめに国家試験に出題されるポイントを確認することができます. また, 試験直前に, 出題項目をチェックして, 学習した項目を確認するときに利用してください.

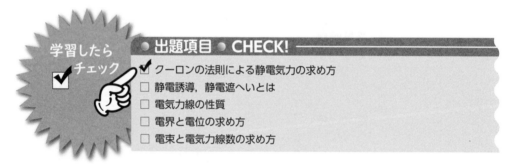

③ 太字の部分は, 国家試験問題を解答するときのポイントになる部分です. 特に注意して学習してください.

④ 「Point」は, 国家試験問題を解くために必要な用語や公式などについてまとめてあります.

⑤ 「数学の計算」は, 本文を理解するために必要な数学の計算方法を説明してあります.

2 **国家試験問題**

① 過去約10年間に出題された問題を項目ごとにまとめてあります.

② 国家試験では, 全く同じ問題が出題されることはほぼありません. 計算の数値や求める量が変わったり, 正解以外の選択肢の内容が変わって出題されますので, まどわされないように注意してください.

③ 各問題の解説のうち, 計算問題については, 計算の解き方を解説してあります. 公式を覚えることは重要ですが, それだけでは答えが出せませんので, 計算の解き方をよく確かめて計算方法に慣れてください. また, いくつかの用語のうちから一つを答える問題では, そのほかの用語も示してありますので, それらも合わせて学習してください.

④　各節の　●試験の直前●CHECK!　には，国家試験問題を解くために必要な用語や公式など
　　をあげてあります．学習したらチェックしたり，試験の直前に覚えにくい内容のチェック
　　に利用してください．

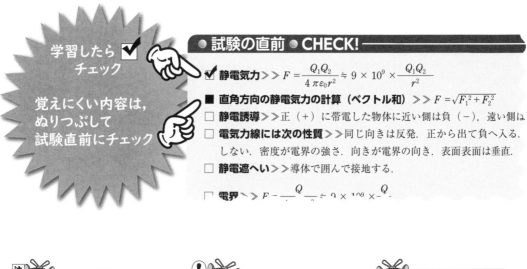

●試験の直前●CHECK!

☑ **静電気力** ＞＞ $F = \dfrac{Q_1 Q_2}{4 \pi \varepsilon_0 r^2} \fallingdotseq 9 \times 10^9 \times \dfrac{Q_1 Q_2}{r^2}$

■ **直角方向の静電気力の計算（ベクトル和）** ＞＞ $F = \sqrt{F_1{}^2 + F_2{}^2}$

☐ **静電誘導** ＞＞正（＋）に帯電した物体に近い側は負（－），遠い側は

☐ **電気力線には次の性質** ＞＞同じ向きは反発．正から出て負へ入る．
　　しない．密度が電界の強さ．向きが電界の向き．表面表面は垂直．

☐ **静電遮へい** ＞＞導体で囲んで接地する．

☐ **電界** ＞＞ $E = \dfrac{Q}{\ \ \ } \fallingdotseq 9 \times 10^9 \times \dfrac{Q}{\ \ }$

学習したら ☑
チェック

覚えにくい内容は，
ぬりつぶして
試験直前にチェック

注意　チューいしてね．

！　なるほどね．

ポイントや重要な
ことだよ．

解答の
テクニックだよ．

ヒントだよ．

ポイントを
クリアしてね．

解答のスペシャル
テクニックだよ．

ここを見てね．

こんな問題も
出てるよ．

第1章　発電設備

1・1　水力発電 ………………………… 2

1・2　火力発電 ………………………… 13

1・3　原子力発電設備 ………………… 28

1・4　その他の発電設備および電池 ……… 36

1・1 水力発電　　　重要知識

● 出題項目 ● CHECK!

☐ ダムの種類
☐ ベルヌーイの定理とは
☐ 水力発電所の出力
☐ 水車の種類
☐ 比速度とは

1・1・1 ダムの種類

水力発電に利用されるダムには，次のようなものがあります．

(1) 重力ダム

ダムを構成するコンクリートにかかる重力によって水圧に耐えるものです（図1.1）．

(2) アーチダム

水を堰き止める壁をアーチ状にして強度を増したものです．岩盤が丈夫なところに採用される方式です（図1.2）．

(3) ロックフィルダム

岩石を積み上げた構造です．その内側には，水漏れを防ぐための砂利や粘土が詰め込まれています．重力ダムのコンクリートの代わりに岩石，砂利，粘土を利用したものと考えて下さい．

(4) アースダム

ため池のイメージです．地盤が弱い場所でも建設でき，国内には飛鳥時代のものが現存しています．

(5) 取水ダム

貯水を目的とするものではなく，取水のために川を堰き止めるものです．高さによっては，取水堰ともいわれます．

用語を覚えてね

図1.1　重力ダム

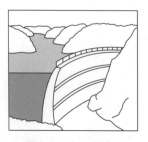

図1.2　アーチダム

1・1・2 ベルヌーイの定理

　水の流れ（流体）には，位置エネルギー，圧力エネルギー，運動エネルギーの3要素があります．ベルヌーイの定理はこれらの合計が，常に一定であるというものです．図1.3の筒の上から下に向かってある量の水を流すものとします．水の質量を m〔kg〕，水の密度を ρ〔kg/m^3〕，重力加速度を g〔m/s^2〕，基準となる面からの高さを h_1〔m〕，h_2〔m〕，その各々の高さにおける水の圧力を p_1〔m〕，p_2〔m〕，水の速度を v_1〔m/s〕，v_2〔m/s〕とすると

$$mgh_1+m\frac{p_1}{\rho}+\frac{1}{2}mv_1{}^2=mgh_2+m\frac{p_2}{\rho}+\frac{1}{2}mv_2{}^2=一定 \quad\cdots\cdots\cdots\cdots (1.1)$$

各辺を mg で割って

$$h+\frac{p}{\rho g}+\frac{v^2}{2g}=一定 \quad\cdots\cdots\cdots\cdots\cdots (1.2)$$

という一般式が求められます．

　この h を位置水頭，$\dfrac{p}{\rho g}$ を圧力水頭，$\dfrac{v^2}{2g}$ を速度水頭といいます．

式(1.2)だけ覚えてね.

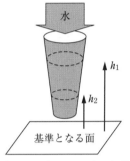

図 1.3　ベルヌーイの定理

1・1・3 水力発電所の出力

　水力発電は，水を高い位置から落下させ，その勢いで水車を回転させ，それによって発電機を稼働させることによって電気エネルギーを取り出すものです．図1.4の水路式発電所において，基準面，つまり発電機の場所から貯水池の静水面までの高さを H_0 とします．そこから水圧管を水が通り抜ける際に損失するエネルギーに相当する高さを h（損失水頭）とすると，

$$H=H_0-h \quad\cdots\cdots\cdots\cdots\cdots\cdots\cdots\cdots\cdots\cdots\cdots\cdots\cdots\cdots\cdots (1.3)$$

で計算される値 H を有効落差といいます．

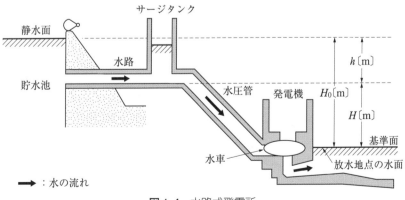

図 1.4　水路式発電所

ここで，水車に流れ込む水量を Q〔m³/s〕＝ 1 000 Q〔kg/s〕，重力加速度を g〔m/s²〕，水車の効率 η_w，発電機の効率を η_g とすると，発電機の出力 P は，

$$P = 1\,000\,gQH\eta_w\eta_g \,\text{〔W〕} = gQH\eta_w\eta_g \,\text{〔kW〕} \qquad\qquad (1.4)$$

となります．

> 水 1 m³ は 1 000 kg だよ

1・1・4　水車の種類

水力発電に利用される水車について説明します．

(1)　ペルトン水車

ベルヌーイの定理で登場した流体エネルギーの 3 要素を速度の成分(速度水頭)に変えて作用させる水車で，一般には高落差(200 m 以上)での条件で利用されます．これは，衝動水車と呼ばれ，この種のものについて電験三種では，過去にこのペルトン水車のみが出題されています(図1.5)．

> 衝動水車はこれだけで十分だよ．

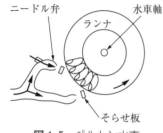

図 1.5　ペルトン水車

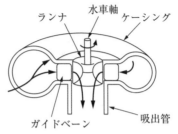

図 1.6　フランシス水車

(2)　フランシス水車

水の圧力エネルギー(圧力水頭)を利用するもので，反動水車と呼ばれるものの一種です．渦巻ケーシングからガイドベーン(案内羽根)，ランナ(羽根車)を経由して，吸収管に吸い込まれるように水が流れます(図1.6)．このときの反動力を利用して水車軸を回転させます．ガイドベーンの角度の調節によって流量を調節できるようになっています．この水車は，中落差(10〜300 m)で利用されます．

> ここら先は全部反動水車の説明だよ．

(3)　斜流水車

反動水車の一種です．水が水車軸に対して斜め方向に流れるものです．40〜120 m の落差で利用されます(図1.7)．

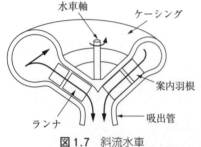

図 1.7　斜流水車

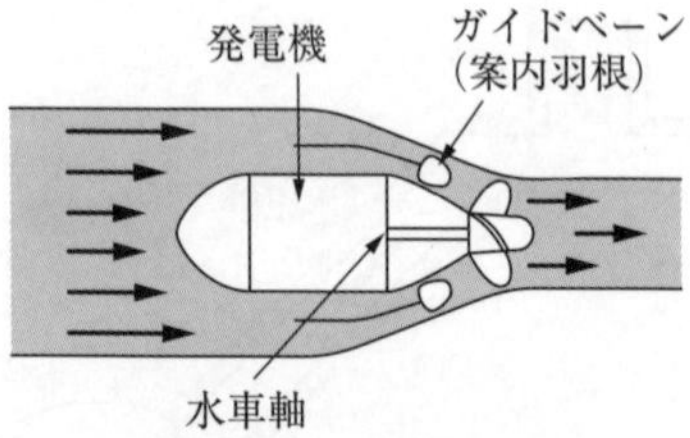

図 1.8　プロペラ水車

(4)　プロペラ水車

反動水車の一種です．水が水車軸と同じ方向に流れます．低落差(80 m 以

下)で利用されます．プロペラ水車のうち，ガイドベーン(案内羽根)の角度が調節できるものをカプラン水車といいます(図1.8)．

(5)　クロスフロー水車

　反動水車の一種です．水がランナを交差して流れます．落差 150 m 以下で利用され，1 MW 以下程度の小出力発電所で使われています(図1.9)．

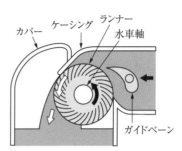

カバー　ケーシング　ランナー　水車軸　ガイドベーン

図1.9　クロスフロー水車

1·1·5　比速度とキャビテーション

　実物の発電用水車の形を変えずにサイズのみ縮小して，有効落差が 1 m で出力が 1 kW となるようなモデルを考えます．このモデルの回転速度を元の水車の回転速度に対する比速度といいます．実物水車について，その回転速度を N〔min^{-1}〕，ランナ 1 個当たりの出力を P〔kW〕，有効落差を H〔m〕とすると，比速度 N_s〔m·kW〕は，

$$N_s = N\frac{P^{\frac{1}{2}}}{H^{\frac{5}{4}}}〔\text{m·kW}〕 \quad\cdots\cdots\cdots\cdots\cdots\cdots (1.5)$$

となります．この比速度が大きいほどキャビテーションという現象が発生しやすくなります．この比速度の計算問題は，ここしばらく出題されていませんがキャビテーションとセットで学習するとよいでしょう．

　では，キャビテーションとは何でしょうか．流水中のある部分の圧力が飽和水蒸気圧以下になると，水に溶け込んだ空気が気泡となって現れます．この気泡が，圧力の高い部分に移動したときに弾けて衝撃を発生します．これをキャビテーションといい，ランナやガイドベーンを痛めます．また，振動や騒音の発生の原因ともなります．この現象を防止する対策として，次のような項目が考えられています．

① 　比速度をなるべく小さくする．

② 　吸出管の高さを低く抑え，上部に空気を注入する．

③ 　腐食に強いステンレス等の素材を使い，表面を滑らかに仕上げる．

④ 　極端な軽負荷や過負荷での運転を避ける．

N_s の単位に注意してね．

キャビテーションの内容を覚えてね．

1・1・6　速度調定率

　水車などの回転する装置は，電力系統の負荷が増加すると，その回転数が減少します．逆に，負荷が減少すると，回転数は増加します．この変化の比率を速度調定率といいます．発電機の定格出力を P〔kW〕，変化前の出力を P_1〔kW〕，変化後の出力を P_2〔kW〕とし，発電機の定格回転数を N〔min^{-1}〕，変化前の回転数を N_1〔min^{-1}〕，変化後の回転数を N_2〔min^{-1}〕とすると，速度調定率 R は，

$$R = \frac{\dfrac{N_2 - N_1}{N}}{\dfrac{P_1 - P_2}{P}} \times 100 \ 〔\%〕 \quad \cdots\cdots\cdots\cdots\cdots\cdots\cdots\cdots\cdots (1.6)$$

となります．

問題が周波数のときは，N のところにその値を入れてね．詳しくは，国家試験問題を見てね．

● 試験の直前 ● CHECK!

□ **ダムの構造**≫≫重力ダム，アーチダム，ロックフィルダム，アースダム，取水ダム

□ **ベルヌーイの定理**≫≫ $h + \dfrac{p}{\rho g} + \dfrac{v^2}{2g} =$ 一定

□ **水力発電所の出力**≫≫ $P = 1\,000\,g\,QH\eta_w\eta_g$ 〔W〕 $= gQH\eta_w\eta_g$ 〔kW〕

□ **衝動水車**≫≫ペルトン水車

□ **反動水車**≫≫フランシス水車，斜流水車，プロペラ水車，クロスフロー水車

□ **速度調定率**≫≫ $R = \dfrac{\dfrac{N_2 - N_1}{N}}{\dfrac{P_1 - P_2}{P}} \times 100$ 〔\%〕

国家試験問題

問題1

水力発電所に用いられるダムの種別と特徴に関する記述として，誤っているものを次の(1)～(5)のうちから一つ選べ．

(1) 重力ダムとは，コンクリートの重力によって水圧などの外力に耐えられるようにしたダムであって，体積が大きくなるが構造が簡単で安定性が良い．我が国では，最も多く用いられている．

(2) アーチダムとは，水圧などの外力を両岸の岩盤で支えるようにアーチ型にしたダムであって，両岸の幅が狭く，岩盤が丈夫なところに作られ，コンクリートの量を節減できる．

(3) ロックフィルダムとは，岩石を積み上げて作るダムであって，内側には，砂利，アスファルト，粘土などが用いられている．ダムは大きくなるが，資材の運搬が困難で建設地付近に岩石や砂利が多い場所に適している．

(4) アースダムとは，土壌を主材料としたダムであって，灌漑用の池などを作るのに適している．基礎の地質が，岩などで強固な場合にのみ採用される．

(5) 取水ダムとは，水路式発電所の水路に水を導入するため河川に設けられるダムであって，ダムの高さは低く，越流形コンクリートダムなどが用いられている．

《H29-1》

解説

アースダムは，地盤が強固な場合はもちろん，弱い場所でも採用することができます．

問題2

ペルトン水車を1台もつ水力発電所がある．図に示すように，水車の中心線上に位置する鉄管のA点において圧力 p〔Pa〕と流速 v〔m/s〕を測ったところ，それぞれ3 000 kPa，5.3 m/s の値を得た．また，このA点の鉄管断面は内径1.2 mの円である．次の(a)及び(b)の問に答えよ．

ただし，A点における全水頭 H〔m〕は位置水頭，圧力水頭，速度水頭の総和として $h + \dfrac{p}{\rho g} + \dfrac{v^2}{2g}$ より計算できるが，位置水頭 h はA点が水車中心線上に位置することから無視できるものとする．また，重力加速度は $g = 9.8$ m/s^2，水の密度は $\rho = 1\,000$ kg/m^3 とする．

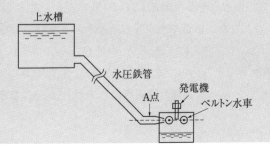

(a)　ペルトン水車の流量の値〔m³/s〕として，最も近いものを次の(1)〜(5)のうちから一つ選べ.

(1)　3　　　(2)　4　　　(3)　5　　　(4)　6　　　(5)　7

(b)　水車出力の値〔kW〕として，最も近いものを次の(1)〜(5)のうちから一つ選べ.

ただし，A点から水車までの水路損失は無視できるものとし，また水車効率は88.5%とする.

(1)　13 000　　(2)　14 000　　(3)　15 000　　(4)　16 000　　(5)　17 000

《基本問題》

解説 ▶

(a)　A点における鉄管の断面積は，

$$\pi\left(\frac{1.2}{2}\right)^2 = 3.14 \times 0.6^2 = 1.13 \,〔\text{m}^2〕$$

ここを5.3 m/sの速さで水が通り抜けていくわけですから，その流量は

$$1.13 \times 5.3 ≒ 6 \,〔\text{m}^3/\text{s}〕$$

(b)　水力発電の出力の式は$gQH\eta_w\eta_g$〔kW〕でした.　この問は発電機へ向う水車出力を考えていますから，$\eta_g = 1$，つまり，$gQH\eta_w$〔kW〕として考えます.

ここで，ベルヌーイの定理から全水頭Hは

$$H = h + \frac{p}{\rho g} + \frac{v^2}{2g} = 0 + \frac{3\,000 \times 10^3}{1\,000 \times 9.8} + \frac{5.3^2}{2 \times 9.8} = 307.6 \,〔\text{m}〕$$

よって水車の出力は

$$gQH\eta_w 〔\text{kW}〕 = 9.8 \times 6 \times 307.6 \times 0.885 ≒ 16\,000 \,〔\text{kW}〕$$

鉄管の断面積は円だから円周率$\pi \times$(半径$r)^2$だよ.

水車の出力が発電機に加わるんだね.

!Point

水力発電の出力の式は$gQH\eta_w\eta_g$〔kW〕と覚えましょう.　この式は，発電機出力の式ですが，水車の出力ということであれば，η_gのない式$gQH\eta_w$〔kW〕を考えればよいことになります.　発電機の手前までを考えるということです.

この問題のように，公式の一部が問題文中に与えられているケースがよくみられますが，そういう事情に依存せず学習を進めましょう.

問題3 ✓

次の文章は，水力発電の理論式に関する記述である.

図に示すように，放水地点の水面を基準面とすれば，基準面から貯水池の静水面までの高さH_g〔m〕を一般に ［（ア）］ という.　また，水路や水圧管の壁と水との摩擦によるエネルギー損失に相当する高さh_1〔m〕を ［（イ）］ という.　さらに，H_gとh_1の差$H = H_g - h_1$を一般に ［（ウ）］ という.

いま，Q〔m³/s〕の水が水車に流れ込み，水車の効率をη_wとすれば，水車出力P_wは ［（エ）］ になる.　さらに，発電機の効率をη_gとすれば，発電機出力Pは ［（オ）］ になる.　ただし，重力加速度は9.8〔m/s²〕とする.

上記の記述中の空白箇所(ア)，(イ)，(ウ)，(エ)及び(オ)に当てはまる組合せとして，正しいものを次の(1)～(5)のうちから一つ選べ.

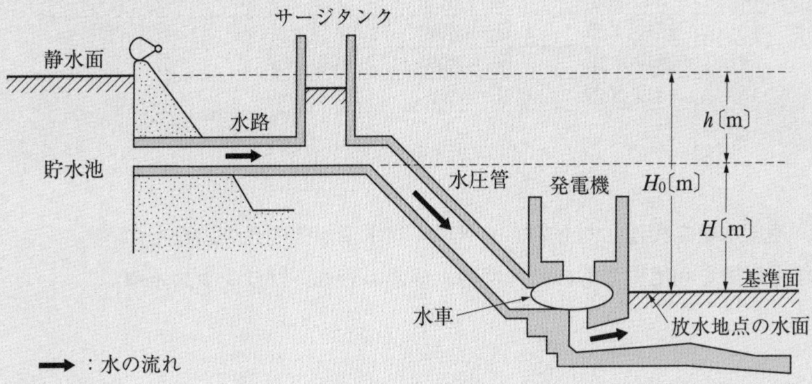

(選択肢は右側に記載)

	(ア)	(イ)	(ウ)	(エ)	(オ)
(1)	総落差	損失水頭	実効落差	$9.8\,QH\eta_w \times 10^3$〔W〕	$9.8\,QH\eta_w\eta_g \times 10^3$〔W〕
(2)	自然落差	位置水頭	有効落差	$\dfrac{9.8\,QH}{\eta_w} \times 10^{-3}$〔kW〕	$\dfrac{9.8\,QH\eta_g}{\eta_w} \times 10^{-3}$〔kW〕
(3)	総落差	損失水頭	有効落差	$9.8\,QH\eta_w \times 10^3$〔W〕	$9.8\,QH\eta_w\eta_g \times 10^3$〔W〕
(4)	基準落差	圧力水頭	実効落差	$9.8\,QH\eta_w$〔kW〕	$9.8\,QH\eta_w\eta_g$〔kW〕
(5)	基準落差	速度水頭	有効落差	$9.8\,QH\eta_w$〔kW〕	$9.8\,QH\eta_w\eta_g$〔kW〕

《H24-1》

解説

基準面から静水面までの高さを総落差といいます．また，水が流れる際の摩擦によって失われるエネルギーを水頭に換算したものは，損失水頭といいます．この総落差から損失分を引いたものを有効落差といいます.

水のもつエネルギーを高さに置きかえたものが水頭だよ.

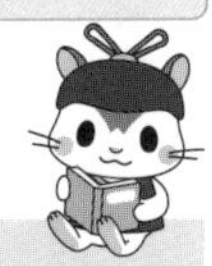

問題4

次の文章は，水車に関する記述である.

衝動水車は，位置水頭を (ア) に変えて，水車に作用させるものである．この衝動水車は，ランナ部で (イ) を用いないので， (ウ) 水車のように，水流が (エ) を通過するような構造が可能となる.

上記の記述中の空白箇所(ア)，(イ)，(ウ)及び(エ)に当てはまる語句として，正しいものを組み合わせたのは次のうちどれか.

(p.7～8の解答)　問題1→(4)　問題2→(a)－(4)，(b)－(4)　問題3→(3)

	（ア）	（イ）	（ウ）	（エ）
(1)	圧力水頭	速度水頭	フランシス	空気中
(2)	圧力水頭	速度水頭	フランシス	吸出管中
(3)	速度水頭	圧力水頭	フランシス	吸出管中
(4)	速度水頭	圧力水頭	ペルトン	吸出管中
(5)	速度水頭	圧力水頭	ペルトン	空気中

《H22-1》

解説

　衝動水車は，速度水頭を利用したもので，ペルトン水車がその代表的なものとなります．圧力水頭を利用するものは，反動水車といわれ，フランシス水車などがあります．

問題5

　次の文章は，水車のキャビテーションに関する記述である．

　運転中の水車の流水経路中のある点で　（ア）　が低下し，そのときの　（イ）　以下になると，その部分の水は蒸発して流水中に微細な気泡が発生する．その気泡が　（ア）　の高い箇所に到達すると押し潰され消滅する．このような現象をキャビテーションという．水車にキャビテーションが発生すると，ランナやガイドベーンの壊食，効率の低下，　（ウ）　の増大など水車に有害な現象が現れる．

　吸出し管の高さを　（エ）　することは，キャビテーションの防止のため有効な対策である．

　上記の記述中の空白箇所（ア），（イ），（ウ）及び（エ）に当てはまる組合せとして，正しいものを次の(1)～(5)のうちから一つ選べ．

	（ア）	（イ）	（ウ）	（エ）
(1)	流速	飽和水蒸気圧	吸出し管水圧	低く
(2)	流速	最低流速	吸出し管水圧	高く
(3)	圧力	飽和水蒸気圧	吸出し管水圧	低く
(4)	圧力	最低流速	振動や騒音	高く
(5)	圧力	飽和水蒸気圧	振動や騒音	低く

《H29-2》

解説

　流水中の水の圧力が飽和水蒸気圧以下になると気泡が発生し，これが圧力の高い部分ではじけます．この現象をキャビテーションといい，ランナやガイドベーンを傷めたり，振動や騒音の原因となります．この防止策の一つとして，吸出管の高さを低く抑える方法があります．

> 本文中のキャビテーション対策をチェックしてね．

問題6

　定格出力1 000 MW，速度調定率5%のタービン発電機と，定格出力300 MW，速度調定率3%の水車発電機が周波数調整用に電力系統に接続されており，タービン発電機は80%出力，水車発

電機は 60% 出力をとって，定格周波数(60 Hz)にてガバナフリー運転を行っている．

　系統の負荷が急変したため，タービン発電機と水車発電機は速度調定率に従って出力を変化させた．次の(a)及び(b)の問に答えよ．

　ただし，このガバナフリー運転におけるガバナ特性は直線とし，次式で表される速度調定率に従うものとする．また，この系統内で周波数調整を行っている発電機はこの2台のみとする．

$$
速度調定率 = \frac{\dfrac{n_2 - n_1}{n_n}}{\dfrac{P_1 - P_2}{P_n}} \times 100 \,(\%)
$$

P_1：初期出力〔MW〕　　　　n_1：出力 P_1 における回転速度〔min^{-1}〕

P_2：変化後の出力〔MW〕　　n_2：変化後の出力 P_2 における回転速度〔min^{-1}〕

P_n：定格出力〔MW〕　　　　n_n：定格回転速度〔min^{-1}〕

(a)　出力を変化させ，安定した後のタービン発電機の出力は 900 MW となった．このときの系統周波数の値〔Hz〕として，最も近いものを次の(1)～(5)のうちから一つ選べ．

　(1)　59.5　　(2)　59.7　　(3)　60　　(4)　60.3　　(5)　60.5

(b)　出力を変化させ，安定した後の水車発電機の出力の値〔MW〕として，最も近いものを次の(1)～(5)のうちから一つ選べ．

　(1)　130　　(2)　150　　(3)　180　　(4)　210　　(5)　230

〈H27-15〉

解説

(a)　速度調定率の式に与えられた数値を代入すれば答えが出ます．式は回転速度で与えられていますが，ここに周波数を当てはめます．タービン発電機の出力は，定格出力の 80% ですから，1 000×0.8＝800〔MW〕となります．変化前の系統周波数は，定格周波数の 60〔Hz〕と考えられますので

$$
5 = \frac{\dfrac{N_2 - 60}{60}}{\dfrac{800 - 900}{1\,000}} \times 100 = \frac{N_2 - 60}{-0.6} \times 100
$$

$$
N_2 - 60 = -0.3 \quad \therefore \quad N_2 = 59.7 \,〔\mathrm{Hz}〕
$$

この値が，変化後の周波数となります．

(b)　水車発電機の出力は，定格出力の 60% ですから，300×0.6＝180〔MW〕となります．(a)と同様に速度調定率の式に数値を代入します．

$$
3 = \frac{\dfrac{59.7 - 60}{60}}{\dfrac{180 - P_2}{300}} \times 100 = -0.5 \times \frac{300}{180 - P_2} = \frac{-150}{180 - P_2}
$$

$$
180 - P_2 = -50 \quad \therefore \quad P_2 = 230 \,〔\mathrm{MW}〕
$$

!Point

　問題文中のガバナとは調速機のことで，負荷に変化があった場合に，回転速度が変化しないように自動調整をする装置のことです．ガバナフリーとは，この装置の動作に制限を持たせず，回転数の変化に対して自由に調整動作をさせることを意味しています．

　速度調定率の式は，回転数〔min^{-1}〕を使って書かれています．この〔min^{-1}〕は1分間に何回転するこという表記になります．〔rpm〕という表記ものもありますが，同じ意味です．これに対して周波数〔Hz〕は，1秒間に何回転するかということであり，時間の単位で表記すれば〔s^{-1}〕ということになります．例えば，60〔Hz〕であれば3,600〔min^{-1}〕になります．速度調定率の式のNの部分に周波数の値を入れて計算しても差し支えありません．

1・2 火力発電  重要知識

● 出題項目 ● CHECK!

- □ 熱サイクル
- □ 火力発電所の設備
- □ 火力発電所の熱効率
- □ 蒸気タービン
- □ 燃料
- □ 環境対策

1・2・1 熱サイクルの種類と特徴

石油や石炭などの燃料を燃焼し，その熱エネルギーで水蒸気を作り，タービンを回す．このタービンに発電機を接続することで電気を作り出す．これが火力発電の基本的な原理です．使い終わった蒸気は，水に戻ります．この繰り返しを熱サイクルといいます．熱サイクルの過程では，効率を高めるために，蒸気の使い方を工夫しています．

(1) ランキンサイクル

ボイラで加熱した水から蒸気を作ります．この蒸気でタービンを回し，そこで膨張した蒸気を復水器で水に戻します．これを給水ポンプで加圧します．この一連の流れがランキンサイクルです．これが火力発電の基本です．図1.10は，水の圧力と体積の変化を示しています．

図中の点Aから点Bは，給水ポンプによってボイラに水を送り込む過程です．体積が変わらず圧力が高くなり，また熱が逃げないようされたこの過程は，断熱圧縮といいます．

点Bから点Cは，ボイラで加熱される過程です．飽和蒸気さらには過熱蒸気が作られます．等圧受熱という行程です．

点Cから点Dは，過熱蒸気でタービンを回します．過熱蒸気は，ここで減圧し体積が増えることになります．断熱膨張といいます．

点Dから点Aは，仕事を終えた蒸気が復水器で水に戻ります．等圧放熱の過程です．

国家試験問題には少しようすの違うグラフがあるよ

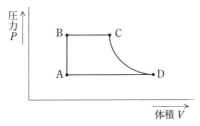

図1.10 ランキンサイクル

(2) 再生サイクル

タービンで膨張した蒸気の熱を利用してボイラへの給水の温度を上げるものです。熱をなるべく無駄なく利用して、熱効率を上げようというアイデアです。

(3) 再熱サイクル

タービンで仕事をした蒸気を再び加熱して、別のタービンで利用しようというものです。最初の蒸気は高圧用のタービンで、再加熱後の蒸気は中圧・低圧用のタービンで利用します。

(4) 再生再熱サイクル

再生サイクルと再熱サイクルを併用するもので、大規模の火力発電所で採用されています。

> **!Point**
>
> 　真空の容器に水を入れておくと、温度によって決まる量の蒸気が発生し、一定の圧力に達します。このときの蒸気を**飽和蒸気**といいます。この飽和蒸気に水分が混じっている状態を**湿り蒸気**といいます。水分がなければ**渇き蒸気**といいます。大気圧での水の沸点は100℃で、このときの蒸気も100℃となります。つまり、飽和蒸気の最高温度は100℃ということになります。飽和蒸気をさらに加熱すると100℃を超える状態となり、これを**過熱蒸気**といいます。

1・2・2 蒸気の流れと熱効率向上策

まずは、図1.11を見てみましょう。これは、水や蒸気の流れが示されています。予熱を再利用することで熱効率を向上させています。

> 熱効率を上げて燃料の石炭を節約！だから節炭器だね。

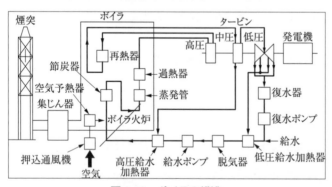

図1.11 ボイラの構造

(1) 節炭器

煙道ガスの余熱を利用してボイラへの給水を加熱し、全体の効率を高めます。エコノマイザーと書かれている場合もあります。

(2) 再熱器

再熱サイクルにおいて、熱効率の向上のため、高圧タービンと中圧・低圧タービンとの間で蒸気をボイラへ戻して再加熱します。

(3)　過熱器

ボイラ本体で発生した蒸気をさらに昇温して過熱蒸気を作ります.

(4)　空気予熱器

燃焼ガス(煙道ガス)の余熱を利用して燃焼用空気を加熱します.

(5)　脱気器

ボイラや配管の腐食の原因となる水に溶け込んだ酸素や炭酸ガスを取り除きます.

(6)　集じん器

大気汚染の原因となる粉じん等を取り除きます.

(7)　復水器

使い終わった蒸気を水に戻します.

(8)　押込通風機

火炉の内部を加圧してボイラ効率を高めます.

1・2・3　火力発電所の熱効率

投入したエネルギーに対してどれだけの出力が取り出せるか,これが効率です.燃料の燃焼による熱を100%利用することは難しく,火力発電での熱効率は40%程度といわれています.ボイラで作り出された蒸気でタービンを回し発電し外部に送電するまでの一連の流れは図1.12のようになります.この方式は汽力発電ともいいます.

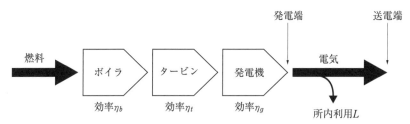

図1.12　火力発電所の流れ

火力発電設備の各部分について,その熱効率の計算式を示します.式で使われている記号の内容は次のとおりです.

i_s：ボイラから排出される蒸気のエンタルピー〔kJ/kg〕

i_w：ボイラへの給水のエンタルピー〔kJ/kg〕

i_e：タービンから排出される蒸気のエンタルピー〔kJ/kg〕

B：燃料の消費量〔kg/h〕

H：燃料の燃焼による発熱量〔kJ/kg〕

Z：蒸気の発生に利用された水の量〔kg/h〕

P_t：タービンの出力〔kW〕

P_g：発電機の出力〔kW〕

> 図1.11と計算式を比べると式の意味がわかると思うよ.

P_l：発電所内で消費される電力量〔kW〕

(1)　ボイラ効率 η_b

燃料の燃焼による発熱量とボイラから発生する蒸気の熱量との割合です.

$$\eta_b = \frac{\text{ボイラで発生した蒸気の熱量}}{\text{燃料の燃焼による発熱量}} = \frac{Z \times (i_s - i_w)}{B \times H} \quad \cdots\cdots\cdots\cdots (1.7)$$

(2)　タービン効率 η_t

ボイラから発生した蒸気の熱量とタービンの出力との割合です.

$$\eta_t = \frac{\text{タービンの出力}}{\text{ボイラで発生した蒸気の熱量}} = \frac{3\,600 \times P_t}{Z \times (i_s - i_e)} \quad \cdots\cdots\cdots\cdots (1.8)$$

(3)　発電機効率 η_g

タービンの出力とそれに接続された発電機の出力との割合です.

$$\eta_g = \frac{\text{発電機の出力}}{\text{タービンの出力}} = \frac{P_g}{P_t} \quad \cdots\cdots\cdots\cdots\cdots\cdots\cdots (1.9)$$

(4)　熱サイクル効率 η_c

ボイラから発生した蒸気の熱量とタービンで消費した熱量との割合です.

$$\eta_c = \frac{\text{タービンで消費した熱量}}{\text{ボイラで発生した蒸気の熱量}} = \frac{Z \times (i_s - i_e)}{Z \times (i_s - i_w)} = \frac{i_s - i_e}{i_s - i_w} \quad \cdots (1.10)$$

(5)　発電端熱効率 η_p

発電機の出力と燃料の燃焼による発熱量との割合です.

$$\eta_p = \frac{\text{発電機の出力}}{\text{燃料の燃焼による発熱量}} = \frac{3\,600 \times P_g}{B \times H} \quad \cdots\cdots\cdots\cdots (1.11)$$

発電は，ボイラ→タービン→発電機という流れになりますから，η_p は次の式のように考えることができます.

$$\eta_p = \eta_b \times \eta_t \times \eta_g \quad \cdots\cdots\cdots\cdots\cdots\cdots\cdots\cdots\cdots\cdots (1.12)$$

(6)　送電端熱効率 $\eta_p{'}$

発電所で作られた電気の一部は所内で利用され，送電線にはそれを差し引いたものが送られます. この結果，送電端での効率 $\eta_p{'}$ は次の式となります.

$$\eta_p{'} = \frac{\text{発電機の出力} - \text{所内で利用した電力}}{\text{燃料の燃焼による発熱量}} = \frac{3\,600 \times (P_g - P_l)}{B \times H} \quad (1.13)$$

所内で利用される電力と発電機の出力の割合を所内比率 L といい次式となります.

$$L = \frac{\text{所内で利用した電力}}{\text{発電機の出力}} = \frac{P_l}{P_g} \quad \cdots\cdots\cdots\cdots\cdots\cdots\cdots (1.14)$$

式(1.14)を使うと，式(1.13)は次のようになります.

$$\eta_p{'} = \frac{3\,600 \times P_g (1 - L)}{B \times H} = \eta_p \times (1 - L) \quad \cdots\cdots\cdots\cdots (1.15)$$

また，式(1.12)は次のようになります.

$$\eta_p = \eta_b \times \eta_t \times \eta_g \times (1 - L) \quad \cdots\cdots\cdots\cdots\cdots\cdots\cdots (1.16)$$

!Point

　計算式に登場するエンタルピーとは，物質がもともともっているエネルギーと膨張や圧縮などの変化のエネルギーの総量のことです．例えば，水を温めると体積が増えます．この変化は，外から熱が加えられたことによるものです．入り込んだ熱量は，エンタルピーの変化量ということになります．

　1 W の電力を1秒間かけると1 J となります．つまり1 W・s＝1 J．これが電力量と仕事量の関係です．1時間は3 600 秒ですから，1 kWh＝3 600 kJ となります．計算式に度々登場する3 600 という数字はここからきています．また，試験問題の単位ですが，グラム〔g〕，ワット〔W〕で出題されることはまずありません．kg と kW です．

　効率 η については，単位はありません．すべて0以上1以下の数字です．％表記をする場合は，その結果を100 倍して下さい．問題文中で与えられた数値が％表記の場合は，100 で割って小数化した方がわかりやすい場合が多いです．

1·2·4　蒸気タービンの種類

　羽のついた軸に水をあてて回す装置が水車です．水ではなく気体をあてて回す装置がタービンです．タービンは，水車よりも回転部分が小さく回転速度が高くなることから機械的な強度を大きくとることを必要とします．タービンには風を利用した風車や高圧のガスを利用したガスタービンなどもありますが，ここでは水蒸気を利用した蒸気タービンについて解説します．動作原理によって次の2種類があります．

(1)　衝動タービン

　高速で噴き出す蒸気をタービンの羽根にあてて回転をさせるものです．特徴としては，羽のサイズが大きく，段数を少なくできるということです．

(2)　反動タービン

　高速で噴き出す蒸気をタービンの羽根にあてて回転させるところまでは衝動タービンと同じです．蒸気は膨張して排出され，タービンを前へ押し出そうとする力が働きます．タービンの装置自体は固定されていますから，そのエネルギーはタービンの回転に反映されます．特徴としては，羽のサイズが小さく，段数が多いということです．

　これら2種類の分類とは別に，使用方法による分類もあります．

(1)　背圧タービン

　タービンで利用し終わった蒸気(排気)を，さらに場内の別の場所で発電以外の目的に利用するものです．

(2)　抽気タービン

　タービンで利用している蒸気の一部を取り出して，場内の別の場所で発電以外の目的に利用するものです．

(3)　復水タービン

　タービン室内の蒸気を復水器に戻します．膨張した蒸気は復水器で水に戻りますから体積が小さくなります．こうして真空度を高めることで，蒸気の膨張を促す方法です．

(4)　再生タービン

　タービンで利用している蒸気の一部を取り出してボイラへの給水を加熱として利用するものです．

(5)　混圧タービン

　圧力の異なった蒸気を複数同時に利用して一つのタービンを稼働させるものです．

1·2·5　タービン発電機の冷却

　蒸気タービンに接続されている発電機をタービン発電機といいます．なにもしないで稼働し続ければ発熱によって故障してしまう可能性があります．これ

衝動と反動
水車にもあったね

を冷却する方法として水素が多く利用されています．水素を利用する利点は次のとおりです．

① 空気に比べると軽く，風損(気体による摩擦抵抗)が小さい．

② 比熱が大きく熱伝導率が大きいため冷却効果に優れている．

③ 水素を封入するために発電機を密閉することになるため騒音が少ない．

④ 不活性で発電機に利用されている絶縁物と反応を起こしにくいため劣化が抑えられる．

ただし，引火・爆発の危険性があるため気密性を保つことが重要となります．

1・2・6　燃料

火力発電の燃料として利用されるものに石炭や重油があります．このうち重油を例にとって解説をします．

重油には，A重油・B重油・C重油の3種類があります．自動車などのエンジンに使われる軽油と残渣油(原油の蒸留過程でできる残りの部分)の混合割合によって区別しています．軽油の割合が90％ならばA重油，50％前後ならばB重油，10％程度ならC重油です．大規模な発電所では，B重油またはC重油が利用されますが，B重油については現在ほとんど生産されていません．

重油の化学成分は，その質量比で約85％が炭素，約15％程度が水素です．少量の硫黄などの成分も含まれます．

計算例は国家試験問題を見てね

1・2・7　火力発電所の環境対策

火力発電所では石炭や石油といった燃料を利用するため自然環境に悪影響のある物質が発生します．ここでは，それに対する対策をまとめていきます．

表1.1　大気汚染物質への対策

大気汚染物質	対　　　策
硫黄酸化物(SO_X)	①低硫黄油など良質の燃料の使用 ②排煙脱硫装置の設置 　代用的なものに石灰に硫黄を吸収させる石灰石膏法があります． ③高煙突 　排煙を大気中に拡散します．強度を持たすために4本程度の集合煙突となっているものが多いです．
窒素酸化物(NO_X)	①低窒素燃料など良質の燃料を使用 ②二段燃焼法 　燃焼用空気を二段階に分けて吹き込み，燃焼速度・燃焼温度をコントロールしてNO_Xの発生を抑える方法です． ③排煙脱窒装置の設置 　排煙に対してアンモニア(NH_3)を吹き込み，NO_Xを無害な窒素(N_2)に還元します．

煤塵（ばいじん）	集塵装置の設置 　煤塵は燃焼炉から発生する粒子状の物質のことです．静電気を利用して粒子を吸い寄せる電気集塵装置などがあります．

大気以外にも水質や騒音といった環境問題もあります．

表1.2　汚染環境への対策

汚染環境	対　　　策
水質汚濁	①油水分離装置の設置 　混入した油を除去し清浄水のみ排出します． ②排水温度の低減 　復水器の冷却には海水を利用します．この際にその海水の温度が上昇し，そのまま海に戻すと生物への悪影響が考えられます．そこで，排気前に温度の低減をする工夫をしています．
騒音	①装置の低騒音設計 　発電に必要な設備の多くは屋内に設置されていますから，一般的には影響は小さいと考えられます． ②住宅地からの離隔 　火力発電所の多くは海に面し，住宅地からある程度距離のある場所にあります．

● 試験の直前 ● CHECK!

□ **ランキンサイクル** ≫ 断熱圧縮，等圧受熱，断熱膨張，等圧放熱
□ 火力発電所で利用されている**設備の用語の理解**（節炭器，再熱器，加熱器，空気予熱器，脱気器，集じん器，復水器，押込通風機）

□ **熱効率**
　　　ボイラ効率 η_b
　　　タービン効率 η_t
　　　発電機効率 η_g
　　　熱サイクル効率
　　　発電端熱効率 η_p
　　　送電端熱効率 η_p'

□ **蒸気タービン** ≫ 衝動タービン，反動タービン，背圧タービン，抽気タービン，復水タービン，再生タービン，混圧タービン
□ **環境への影響に対する対策**（硫黄酸化物，窒素酸化物，煤塵，水質汚濁，騒音）
□ **重油や石炭を利用した発熱量や燃料消費量** ≫ 国家試験問題で練習

国家試験問題

問題1

　図に示す汽力発電所の熱サイクルにおいて，各過程に関する記述として誤っているものを次の(1)〜(5)のうちから一つ選べ．

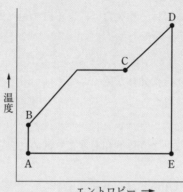

(1)　A→B：給水が給水ポンプによりボイラ圧力まで高められる断熱膨張の過程である．

(2)　B→C：給水がボイラ内で熱を受けて飽和蒸気になる等圧受熱の過程である．

(3)　C→D：飽和蒸気がボイラの過熱器により過熱蒸気になる等圧受熱の過程である．

(4)　D→E：過熱蒸気が蒸気タービンに入り復水器内の圧力まで断熱膨張する過程である．

(5)　E→A：蒸気が復水器内で海水などにより冷やされ凝縮した水となる等圧放熱の過程である．

《H26-2》

解 説

　問題図の横軸は，エントロピーになっています．ある物質が温度 T〔K〕のものである熱量 ΔQ〔J〕を得たとします．このとき

$$\Delta S = \frac{\Delta Q}{T} \ \text{〔J/K〕}$$

で計算される量 ΔS〔J/K〕をエントロピーの増加といいます．

　エントロピーは，乱雑さの尺度といわれています．整理整頓された部屋の中がいつのまにか散らかってしまう．これがエントロピーの増加です．放っておくと増加の方向にいってしまうこの一見不思議な現象を熱力学にあてはめたものがエントロピーの概念です．

　選択肢(1)A→Bの過程は，断熱膨張ではなく，断熱圧縮です．

問題2

　汽力発電所のボイラ及びその付属設備に関する記述として，誤っているものを次の(1)〜(5)のうちから一つ選べ．

(1)　蒸気ドラムは，内部に蒸気部と水部をもち，気水分離器によって蒸発管からの気水を分離さ

せるものであり，自然循環ボイラ，強制循環ボイラに用いられるが貫流ボイラでは必要としない．

(2) 節炭器は，煙道ガスの余熱を利用してボイラ給水を飽和温度以上に加熱することによって，ボイラ効率を高める熱交換器である．

(3) 空気予熱器は，煙道ガスの排熱を燃焼用空気に回収し，ボイラ効率を高める熱交換器である．

(4) 通風装置は，燃焼に必要な空気をボイラに供給するとともに発生した燃焼ガスをボイラから排出するものである．通風方式には，煙突だけによる自然通風と，送風機を用いた強制通風とがある．

(5) 安全弁は，ボイラの使用圧力を制限する装置としてドラム，過熱器，再熱器などに設置され，蒸気圧力が所定の値を超えたときに弁体が開く．

《H28-3》

解説

節炭器内の温度は蒸発が起こらないように飽和温度より低めに設定してあります．

国家試験で問われるボイラには，次の3種類があります．

名称	特徴
自然循環ボイラ	水と蒸気の比重の差でボイラ水の循環を行わせる方式です．蒸気ドラムで水と蒸気を分離します．
強制循環ボイラ	ポンプを使ってボイラ水を強制的に循環させる方式です．
還流ボイラ	蒸発管の一端からポンプで水を押し込み他端から蒸気を取り出す方式で，ボイラ水の循環がありません．

ついでに覚えてね．

問題3

図は，あるランキンサイクルによる汽力発電所の P–V 線図である．この発電所が，A点の比エンタルピー140 kJ/kg，B点の比エンタルピー150 kJ/kg，C点の比エンタルピー3 380 kJ/kg，D点の比エンタルピー2 560 kJ/kg，蒸気タービンの使用蒸気量100 t/h，蒸気タービン出力18 MWで運転しているとき，次の(a)及び(b)の問に答えよ．

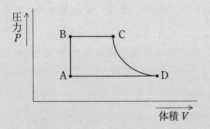

(a) タービン効率の値〔%〕として，最も近いものを次の(1)～(5)のうちから一つ選べ．

  (1) 58.4   (2) 66.8   (3) 79.0   (4) 95.3   (5) 96.7

(b) この発電所の送電端電力 16 MW，所内比率 5 ％のとき，発電機効率の値〔％〕として，最も近いものを次の(1)～(5)のうちから一つ選べ．

(1) 84.7 　(2) 88.6 　(3) 88.9 　(4) 89.2 　(5) 93.6

〈H28-15〉

解説

(a) タービン効率

比エンタルピーとは物質 1 kg 当たりのエンタルピーのことです．タービンを回す過程は C → D となります．1・2・3項のタービン効率の式に値を入れて計算してください．1〔t〕＝1 000〔kg〕，1〔MW〕＝1 000〔kW〕を考慮します．

$$\eta_t = \frac{3\,600 \times P_t}{Z \times (i_s - i_e)} = \frac{3\,600 \times 18 \times 10^3}{100 \times 10^3 \times (3\,380 - 2\,560)} \fallingdotseq 0.79$$

(b) 発電機効率

タービン出力 P_t〔kW〕に発電機効率 η_g をかければ発電端出力〔kW〕が得られます．そこから所内で利用する分の L を差し引けば送電端電力 P_s〔kW〕となりますから

$$P_s = P_t \times \eta_g \times (1 - L)$$

という関係が成り立ちます．これを η_g についての式に変形して計算をすすめます．

$$\eta_g = \frac{P_s}{P_t \times (1 - L)} = \frac{16 \times 10^3}{18 \times 10^3 \times (1 - 0.05)} \fallingdotseq 0.936$$

エンタルピーとエントロピー．整理してね．

問題 4

最大発電電力 600 MW の石炭火力発電所がある．石炭の発熱量を 26 400 kJ/kg として，次の(a)及び(b)に答えよ．

(a) 日負荷率 95.0％で 24 時間運転したとき，石炭の消費量は 4 400 t であった．発電端熱効率％の値として，最も近いのは次のうちどれか．

なお，日負荷率％＝$\dfrac{\text{平均発電電力}}{\text{最大発電電力}} \times 100$ とする．

(1) 37.9 　(2) 40.2 　(3) 42.4 　(4) 44.6 　(5) 46.9

(b) タービン効率 45.0％，発電機効率 99.0％，所内比率 3.00％とすると，発電端効率が 40.0％のときのボイラ効率％の値として，最も近いのは次のうちどれか．

(1) 40.4 　(2) 73.5 　(3) 87.1 　(4) 89.8 　(5) 92.5

〈H22-15〉

解説

(a)　発電機効率

与えられた式から平均発電電力〔kW〕は

平均発電電力＝最大発電電力×日負荷率＝$600×10^3×0.95$

$\qquad =570×10^3\,\text{kW}$

となり，24時間に発生する電力量は，平均発電電力×24時間〔kWh〕となりますから，

発電端電力量 P_g＝平均発電電力〔kW〕×24〔h〕

$\qquad =570×10^3×24=13\,680×10^3\,\text{kWh}$

石炭の燃焼による発熱量は，

$B×H=(4\,400×10^3×26\,400)=116\,160×10^6\text{kJ}$

以上より

$$\eta_p=\frac{3\,600×P_g}{B×H}=\frac{3\,600×13\,680×10^3}{116\,160×10^6}≒0.424$$

(b)　ボイラ効率

所内比率が必要なのは送電端効率の計算です．この問題では必要ありません．発電端効率の式は $\eta_p=\eta_b×\eta_t×\eta_g$ ですから，ボイラ効率は，

$$\eta_b=\frac{\eta_p}{\eta_t×\eta_g}=\frac{0.40}{0.45×0.99}≒0.898$$

計算に必要ないパラメータが与えられているね．

問題5

汽力発電所における蒸気の作用及び機能や用途による蒸気タービンの分類に関する記述として，誤っているものを次の(1)～(5)のうちから一つ選べ．

(1)　復水タービンは，タービンの排気を復水器で復水させて高真空とすることにより，タービンに流入した蒸気をごく低圧まで膨張させるタービンである．

(2)　背圧タービンは，タービンで仕事をした蒸気を復水器に導かず，工場用蒸気及び必要箇所に送気するタービンである．

(3)　反動タービンは，固定羽根で蒸気圧力を上昇させ，蒸気が回転羽根に衝突する力と回転羽根から排気するときの力を利用して回転させるタービンである．

(4)　衝動タービンは，蒸気が回転羽根に衝突するときに生じる力によって回転させるタービンである．

(5)　再生タービンは，ボイラ給水を加熱するため，タービン中間段から一部の蒸気を取り出すようにしたタービンである．

《H25-3》

解説

反動タービンは，蒸気の膨張つまり蒸気圧力が降下して排気する作用を利用しています．

蒸気タービンの総まとめ

問題6

　タービン発電機の水素冷却方式について，空気冷却方式と比較した場合の記述として，誤っているのは次のうちどれか．

(1)　水素は空気に比べ比重が小さいため，風損を減少することができる．

(2)　水素を封入し全閉形となるため，運転中の騒音が少なくなる．

(3)　水素は空気より発電機に使われている絶縁物に対して化学反応を起こしにくいため，絶縁物の劣化が減少する．

(4)　水素は空気に比べ比熱が小さいため，冷却効果が向上する．

(5)　水素の漏れを防ぐため，密封油装置を設けている．

《H21-2》

解説

　水素の比熱は空気に比べて大きいので，熱伝導性がよく，冷却効果が向上します

問題7

　定格出力 600 MW，定格出力時の発電端熱効率 42% の汽力発電所がある．重油の発熱量は 44 000 kJ/kg で，潜熱の影響は無視できるものとして，次の(a)及び(b)の問に答えよ．

　ただし，重油の化学成分は質量比で炭素 85%，水素 15%，水素の原子量を 1，炭素の原子量を 12，酸素の原子量を 16，空気の酸素濃度を 21% とし，重油の燃焼反応は次のとおりである．

$$C + O_2 \rightarrow CO_2$$
$$2H_2 + O_2 \rightarrow 2H_2O$$

(a)　定格出力にて，1日運転したときに消費する燃料質量の値〔t〕として，最も近いものを次の(1)～(5)のうちから一つ選べ．

(1)　117　　　(2)　495　　　(3)　670　　　(4)　1,403　　　(5)　2,805

(b)　そのとき使用する燃料を完全燃焼させるために必要な理論空気量[※]の値〔m³〕として，最も近いものを次の(1)～(5)のうちから一つ選べ．

　ただし，1 mol の気体標準状態の体積は 22.4 L とする．

※理論空気量：燃料を完全に燃焼するために必要な最小限の空気量(標準状態における体積)

(1)　6.8×10^6　　　(2)　9.2×10^6　　　(3)　　32.4×10^6　　　(4)　43.6×10^6

(5)　87.2×10^6

《H29-15》

解説

(a)　**燃料消費量**

　1日(24時間)の発電電力量は，

$$600 \times 10^3 \times 24 = 14\ 400 \times 10^3\ \text{〔kWh〕}$$

発電端効率の式は，

$$\eta_p = \frac{3\,600 \times P_g}{B \times H}$$

ですから，消費する燃料質量(燃料の消費量)は

$$B = \frac{3\,600 \times P_g}{\eta_p \times H} = \frac{3\,600 \times 14\,400 \times 10^3}{0.42 \times 44\,000} \fallingdotseq 2\,805 \times 10^3 \,〔\mathrm{kg}〕 = 2\,805 \,〔\mathrm{t}〕$$

(b)　理論空気量

　最初に mol(モル)という単位について説明します．炭素(C)の原子量は 12，酸素(O)の原子量は 16 ですから二酸化炭素分子(CO_2)は，$12 + 16 \times 2 = 44$ となり，これを二酸化炭素(CO_2)の分子量といいます．この分子量にグラムの単位〔g〕をつけたものが 1 mol です．二酸化炭素(CO_2)1 mol は 44 g です．酸素分子(O_2)であれば分子量は 32 ですから，32 g が 1 mol となります．気体の場合はその種類に関係なく，標準状態(1 気圧，0℃ = 273 K)のとき 1 mol は 22.4 L となります．2 種類以上の混合気体の場合は，その合計が 1 mol であれば 22.4 L となります．

　それでは，燃焼に必要な酸素量の計算をしていきましょう．炭素(C)の燃焼による二酸化炭素(CO_2)の発生に必要な酸素量と水素(H_2)の燃焼に必要な酸素量を分けて考えることにします．計算の単位はグラム〔g〕を基準とします．

(1)　炭素(C)の燃焼

　　燃料の中の炭素の割合は 85 %ですから，燃料 2 805 t に含まれる炭素量は

　　　　$2\,805 \times 0.85 \fallingdotseq 2\,384 \,\mathrm{t} = 2\,384 \times 10^6 \,\mathrm{g}$

燃焼反応は　　$C + O_2 = CO_2$　ですから，炭素(C)1mol＝12 g の燃焼には酸素(O_2)が 1 mol＝32 g 必要となります．したがって必要な酸素量は

　　　　$2\,384 \times 10^6 \times \dfrac{32}{12} \fallingdotseq 6\,357 \times 10^6 \,\mathrm{g}$

(2)　水素(H_2)の燃焼

　　燃料の中の水素の割合は 15 %ですから，燃料 2 805 t に含まれる水素量は

　　　　$2\,805 \times 0.15 \fallingdotseq 421 \,\mathrm{t} = 421 \times 10^6 \,\mathrm{g}$

　燃焼反応は　　$2H_2 + O_2 = 2H_2O$　ですから，水素(H_2)2 mol＝4 g の燃焼には酸素(O_2)が 1 mol＝32 g 必要となります．したがって必要な酸素量は

　　　　$421 \times 10^6 \times \dfrac{32}{4} = 3\,368 \times 10^6 \,\mathrm{g}$

①と②の合計が必要な酸素量となりますから，

　　　　$6\,357 \times 10^6 + 3\,368 \times 10^6 = 9\,725 \times 10^6 \,\mathrm{g}$

酸素(O_2)1 mol は 32 g ですから，

　　　　$\dfrac{9\,725 \times 10^6}{32} \times 22.4 \fallingdotseq 6\,808 \times 10^6 \,\mathrm{L}$

空気の酸素濃度は 21〔%〕，1000〔L〕= 1〔m^3〕ですから，もとの空気量は

このあたりは化学の問題だね．

$$\frac{6\,808 \times 10^6}{0.21} \fallingdotseq 32\,419 \times 10^6 \text{ L} \fallingdotseq 32.4 \times 10^6 \text{ m}^3$$

問題 8

火力発電所の環境対策に関する記述として，誤っているものを次の(1)〜(5)のうちから一つ選べ.

(1) 接触還元法は，排ガス中にアンモニアを注入し，触媒上で窒素酸化物を窒素と水に分解する.

(2) 湿式石灰石(石灰)—石こう法は，石灰と水との混合液で排ガス中の硫黄酸化物を吸収・除去し，副生品として石こうを回収する.

(3) 二段燃焼法は，燃焼用空気を二段階に分けて供給し，燃料過剰で一次燃焼させ，二次燃焼域で不足分の空気を供給し燃焼させ，窒素酸化物の生成を抑制する.

(4) 電気集じん器は，電極に高電圧をかけ，コロナ放電で放電電極から放出される負イオンによってガス中の粒子を帯電させ，分離・除去する.

(5) 排ガス混合(再循環)法は，燃焼用空気に排ガスの一部を再循環，混合して燃焼温度を上げ，窒素酸化物の生成を抑制する.

《H29-3》

解説

排ガス混合法は，燃焼温度を下げることで窒素酸化物の生成を抑制する手法です.

1·3 原子力発電設備

重要知識

● 出題項目 ● CHECK!

- ☐ 原子力発電の原理
- ☐ 沸騰水型原子炉
- ☐ 加圧水型原子炉
- ☐ 核燃料サイクル

1·3·1 原子力発電の原理と構成

(1) ウラン燃料

原子力発電では燃料にウランやプルトニウムといった放射性物質を利用します．その燃料が核分裂する際のエネルギーで水を沸騰させて蒸気を作り，タービンを回して発電します．ここでは主要燃料であるウランを例にとって説明します．

ウラン（U　原子番号 92）には，中性子の数の違う同位体が存在します．その一つがウラン 235（^{235}U）です．この ^{235}U の一つに中性子をぶつけると 2 つに分裂します．その際に中性子が放出されて別のウラン 235 にあたり，それがまた分裂します．こうして次々に分裂を起こしていく連鎖反応が起きます．この連鎖反応が一定の割合で継続している状態を臨界状態といいます．

核分裂後の質量は，核分裂前の質量よりわずかに軽くなります．この質量差を質量欠損といいます．その欠損した質量を m〔kg〕，光の速度を c〔m/s〕とすると，そのエネルギー E〔J〕は

$$E = mc^2 \,〔\text{J}〕 \quad\cdots\cdots\cdots\cdots\cdots\cdots\cdots\cdots\cdots\cdots (1.17)$$

となります．

ウランは天然資源ですが，ウラン 235 はそのうちの約 0.7%で，大部分はウラン 238 となっています．燃料として利用されるウラン 235 は 4%程度まで濃縮されます．これを低濃縮ウランといいます．これを焼き固めたペレットをウラン燃料として利用します．

(2) 減速材

ウラン 235 の核分裂は衝突する中性子の速度が遅い方が起きやすい性質をもっています．ウラン 235 が核分裂する際に飛び出す中性子は高速です．中性子の速度を遅くする必要があるのですが，それを実現するものが減速材です．

減速材の代表的なものは水です．この水には軽水と重水があります．水（H_2O）を構成する水素（H）には，中性子の数の違いにより，軽水素（^{1}H），二重水素（^{2}H），三重水素（^{3}H）の 3 種類があります．H_2O の H の部分が ^{1}H のものを軽水といい，^{2}H，^{3}H のものを重水といいます．重水については，^{2}H のもののみを指す場合が多く，D_2O と表記することがあります．減速材に軽水を使

$E = mc^2$
見つけたのは
アインシュタインだよ．

飲み水は軽水だよ．

えば軽水炉，重水を使えば重水炉です．水以外の材料としては黒鉛があります．

　中性子の減速を必要としない方式の高速増殖炉は，減速材が必要ありません．

(3)　冷却材

　原子炉内で発生した熱を炉外に取り出すものです．比熱や熱伝導率の大きいことが要求されます．通常は水(H_2O)・二酸化炭素(CO_2)・ヘリウム(He)・ナトリウム(Na)などを利用しています．

(4)　制御棒

　原子炉内の核分裂をコントロールするものです．核分裂は制御棒を挿入すると抑えられ，引抜けば活発になります．中性子を吸収しやすいものであることが要求されます．ホウ素(B)，カドミウム(Cd)，ハフニウム(Hf)を利用しています．

(5)　反射材

　炉心のまわりに配置され，原子炉外へ漏れる中性子を反射してその損失を防ぎます．これにより核燃料の節約ができます．材料としては，減速材と同じものを利用しています．

(6)　遮蔽材

　放射線の吸収による発熱で設備が破壊されることを防ぐものとして，鉄(Fe)やボロン鋼(ホウ素(B)とクロム(Cr)を炭素鋼に混ぜたもの)を利用しています．また，人体を放射線から守るものとしてコンクリートが使われています．

1・3・2　沸騰水型原子炉(BWR：Boiling Water Reactor)

　冷却材である水を沸騰させてできた蒸気で直接タービンを回す方式です(図1.13)．蒸気は復水器を経て炉心に戻されます．再循環ポンプは，炉心の熱除去や冷却材の流量調整を行います．再循環ポンプと制御棒の操作により起動から停止まで緩やかな出力変化を実現しています．

　沸騰水型では，放射能を帯びた蒸気をタービンに投入するため，タービンの十分な遮蔽が必要となります．

略号のBWRも覚えてね．

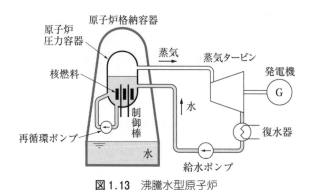

図 1.13　沸騰水型原子炉

1・3・3　加圧水型原子炉（PWR：Pressurized Water Reactor）

　冷却水を加圧して沸騰を起こさず高温水を作り，その熱を蒸気発生器に移して蒸気を作りタービンを回す方式です．炉心出力の調整は，冷却水中のホウ素（B）の濃度と制御棒の操作で行います．

　加圧水型では，冷却水が直接タービンに投入されることがありませんので，放射能がタービンに移行することはありません．ただ，沸騰水型と比較して構造が複雑となります．

PWR は BWR より
も少し複雑だね.

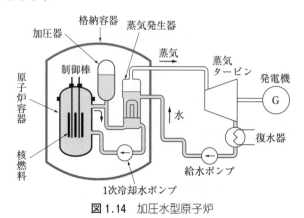

図 1.14　加圧水型原子炉

1・3・4　核燃料サイクル

　図 1.15 に示す核燃料の移動を核燃料サイクルといいます．

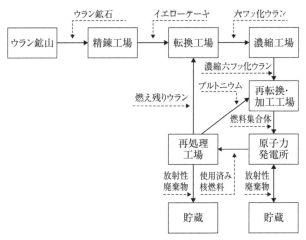

図1.15　核燃料サイクル

表1.3　工場名と役割

工場名	役　　　割
精錬工場	ウラン鉱石を**イエローケーキ**と呼ばれる酸化ウラン（U_3O_8など）に精錬します．イエローといっても実際の色は茶色か黒色です．
転換工場	イエローケーキを**六フッ化ウラン**（UF_6）に転換します．六フッ化ウランは沸点が低く扱いやすい性質をもちます．
濃縮工場	六フッ化ウランを濃縮します．
再処理工場	使用済み燃料から燃え残りのウラン（U）とプルトニウム（Pu）を取り出します．
再転換・加工工場	六フッ化ウランを二酸化ウラン（UO_2）に転換し，ペレットに成型，**燃料棒**へと加工します．燃料集合体とは，この燃料棒の集まりです．再処理工場で取り出された二酸化プルトニウムと二酸化ウラン（PuO_2 と UO_2）を混ぜたものを燃料棒へと成型した**MOX燃料**も作られます．MOX燃料の利用による方式を**プルサーマル利用**といいます．

● 試験の直前 ● CHECK!

□ **核分裂による発生エネルギー量の計算** ≫≫ $E = mc^2$〔J〕
□ **原子炉の種類** ≫≫ BWR，PWR
□ **核燃料サイクルの各工場の役割と生産される各種材料** ≫≫ イエローケーキ，UF_6，燃料棒，MOX燃料
□ **原子力発電の原理** ≫≫ ウラン燃料，減速材（軽水，重水），冷却材，制御棒，反射材，遮蔽材

国家試験問題

問題1

　原子力発電に用いられる M〔g〕のウラン235を核分裂させたときに発生するエネルギーを考える．ここで想定する原子力発電所では，上記エネルギーの30%を電力量として取り出すことができるものとし，この電力量をすべて使用して，揚水式発電所で揚水できた水量は90 000 m³であった．このときの M の値〔g〕として，最も近い値を次の(1)〜(5)のうちから一つ選べ．

　ただし，揚水式発電所の揚程は240 m，揚水時の電動機とポンプの総合効率は84%とする．また，原子力発電所から揚水式発電所への送電で生じる損失は無視できるものとする．

　なお，計算には必要に応じて次の数値を用いること．

　核分裂時のウラン235の質量欠損0.09%

　ウランの原子番号92

　真空中の光の速度 3.0×10^8 m/s

(1)　0.9　　(2)　3.1　　(3)　7.3　　(4)　8.7　　(5)　10.4

《H29-4》

解説

　揚水式発電所では通常，夜間の余剰電力を使って水を汲み上げますが，この問題はそれを原子力発電でまかなう想定です．

(1)　**揚水に使われる電力量の計算**

　原子力発電で発生するエネルギーは，

　　ウラン235の質量 $= M \times 10^{-3}$〔kg〕，質量欠損 $= 9 \times 10^{-4}$，光の速度 $c = 3.0 \times 10^8$ m/s より

　　$E = mc^2 = \{(M \times 10^{-3}) \times (9 \times 10^{-4})\} \times (3.0 \times 10^8)^2 = M \times 8.1 \times 10^{10}$〔J〕

　このうち30%を利用する想定ですから，そのエネルギー量 P は

　　$P = 0.3 \times (M \times 8.1 \times 10^{10}) = M \times 2.43 \times 10^{10}$〔J〕

(2)　**揚水に必要なエネルギー**

　下図を見て下さい．水力発電で登場したものです．計算に利用した有効落差

E＝WC²を忘れると
一貫の終わりだよ．

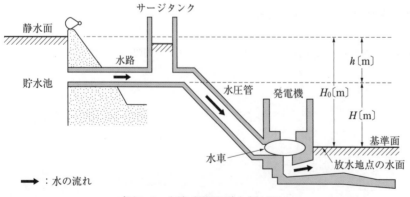

静水面

サージタンク

水路

貯水池

水圧管

発電機

h〔m〕

H_0〔m〕

H〔m〕

基準面

水車

放水地点の水面

➡：水の流れ

（図1.4　水路式発電所）と同じ図

は $H=H_0-h$ でした．これは発電する場合に使う式です．揚水のエネルギーを計算する場合は，総落差 H_0 を使います．揚水に必要なエネルギー P_p は，重力加速度 $g=9.8 \text{ m/s}^2$，水量 $Q=90\,000 \text{ m}^3$，全揚程 $H_0=240 \text{ m}$ より

$$P_p=gQH_0=9.8\times90\,000\times240\fallingdotseq2.12\times10^8 \text{[J]}$$

(3) ウラン使用料の計算

揚水時の電動機とポンプの総合効率 η は 84 % です．(1) で計算した値の 84 % が揚水に利用されるわけです．$P\eta=gQH$ という関係が成り立つことになります．したがって

$$(M\times2.43\times10^{10})\times0.84=2.12\times10^8$$

$$M=\frac{2.12\times10^8}{2.43\times10^{10}\times0.84}\fallingdotseq1.04\times10^{-2} \text{ kg}=10.4 \text{ g}$$

⚠Point

水力発電の項目で説明をしなかった揚水に関する知識と原子力エネルギーの計算がまとめて学べる問題を選びました．揚水式発電所の"発電"と"揚水"とでは計算に利用する揚程が違うことに注意して下さい．損失水頭の扱いが正負逆になります．また，計算に利用する質量の単位は kg です．解答の単位は g を要求していますから，単位合わせをします．

この計算事例のように，ウラン燃料の核分裂による発生エネルギーがいかに大きなものであるかがわかります．

問題2

原子力発電に関する記述として，誤っているものを次の(1)〜(5)のうちから一つ選べ．

(1) 現在，核分裂によって原子エネルギーを取り出せる物質は，原子量の大きなウラン(U)，トリウム(Th)，プルトニウム(Pu)であり，ウランとプルトニウムは自然界にも十分に存在している．

(2) 原子核を陽子と中性子に分解させるには，エネルギーを外部から加える必要がある．このエネルギーを結合エネルギーと呼ぶ．

(3) 原子核に何らかの外力が加えられて，他の原子核に変換される現象を核反応と呼ぶ．

(4) ウラン $^{235}_{92}\text{U}$ を 1 g 核分裂させたとき，発生するエネルギーは，石炭数トンの発熱量に相当する．

(5) ウランに熱中性子を衝突させると，核分裂を起こすが，その際放出する高速中性子の一部が減速して熱中性子になり，この熱中性子が他の原子核に分裂を起こさせ，これを繰り返すことで，連続的な分裂が行われる．この現象を連鎖反応と呼ぶ．

《H26-4》

解説

自然界に十分に存在するものはウラン(U)とトリウム(Th)です．プルトニウム(Pu)はウラン鉱石中にごく微量含まれますが，十分といえる量ではあり

ません.

問題3

　次の文章は，原子力発電の設備概要に関する記述である.

　原子力発電で多く採用されている原子炉の型式は軽水炉であり，主に加圧水型と沸騰水型に分けられるが，いずれも冷却材と □(ア)□ に軽水を使用している.

　加圧水型は，原子炉内で加熱された冷却材の沸騰を □(イ)□ により防ぐとともに，一次冷却材ポンプで原子炉，□(ウ)□ に冷却材を循環させる. □(ウ)□ で熱交換を行い，タービンに送る二次系の蒸気を発生させる.

　沸騰水型は，原子炉内で冷却材を加熱し，発生した蒸気を直接タービンに送るため，系統が単純になる.

　それぞれに特有な設備には，加圧水型では □(イ)□，□(ウ)□，一次冷却材ポンプがあり，沸騰水型では □(エ)□ がある.

　上記の記述中の空白箇所 □(ア)□，□(イ)□，□(ウ)□ 及び □(エ)□ に当てはまる組合せとして，正しいものを次の(1)～(5)のうちから一つ選べ.

	(ア)	(イ)	(ウ)	(エ)
(1)	減速材	加圧器	蒸気発生器	再循環ポンプ
(2)	減速材	蒸気発生器	加圧器	再循環ポンプ
(3)	減速材	加圧器	蒸気発生器	給水ポンプ
(4)	遮へい材	蒸気発生器	加圧器	再循環ポンプ
(5)	遮へい材	蒸気発生器	加圧器	給水ポンプ

《H27-4》

解説

　沸騰水型原子炉，加圧水型原子炉を説明する基礎的な内容です. 沸騰水型では再循環ポンプが，加圧水型には加圧器と蒸気発生器が固有の設備となります.

問題4

　次の文章は，原子力発電における核燃料サイクルに関する記述である.

　天然ウランには主に質量数235と238の同位体があるが，原子力発電所の燃料として有用な核分裂性物質のウラン235の割合は，全体の0.7%程度にすぎない. そこで，採鉱されたウラン鉱石は製錬，転換されたのち，遠心分離法などによって，ウラン235の濃度が軽水炉での利用に適した値になるように濃縮される. その濃度は □(ア)□ %程度である. さらに，その後，再転換，加工され，原子力発電所の燃料となる.

　原子力発電所から取り出された使用済燃料からは，□(イ)□ によってウラン，プルトニウムが分離抽出され，これらは再び燃料として使用することができる. プルトニウムはウラン238から派生する核分裂性物質であり，ウランとプルトニウムとを混合した □(ウ)□ を軽水炉の燃料として用いることをプルサーマルという.

　また，軽水炉の転換比は0.6程度であるが，高速中性子によるウラン238のプルトニウムへの変換を利用した　(エ)　では，消費される核分裂性物質よりも多くの量の新たな核分裂性物質を得ることができる．

　上記の記述中の空白箇所(ア)，(イ)，(ウ)及び(エ)に当てはまる組合せとして，正しいものを次の(1)～(5)のうちから一つ選べ．

	(ア)	(イ)	(ウ)	(エ)
(1)	3～5	再処理	MOX燃料	高速増殖炉
(2)	3～5	再処理	イエローケーキ	高速増殖炉
(3)	3～5	再加工	イエローケーキ	新型転換炉
(4)	10～20	再処理	イエローケーキ	高速増殖炉
(5)	10～20	再加工	MOX燃料	新型転換炉

《H28-4》

解説

　原子炉で利用されるウラン燃料の濃度は4%程度で低濃縮ウラン燃料といいます．20%以上のものが高濃縮ウランですが，原子力発電所では利用されていません．

　転換比とは，

$$転換比 = \frac{核分裂によってできた物質の質量}{核分裂で消費された元の物質の質量}$$

で，軽水炉の場合は0.6程度です．不思議な感じがするかもしれませんが，数値が1を超える場合があります．この場合は転換といわず増殖といいます．高速増殖炉は，その値が1.2くらいになっています．

1・4 その他の発電設備および電池

● 出題項目 ● CHECK!

- □ ガスタービン発電とコンバインドサイクル発電
- □ ディーゼル発電
- □ 再生可能エネルギー
- □ 燃料電池および二次電池

1・4・1 ガスタービン発電とコンバインドサイクル発電

　火力発電では蒸気のエネルギーでタービンを回しますが，ガスタービン発電は燃焼ガスのエネルギーを利用します．圧縮機で空気を圧縮し，そこに軽油や天然ガスなどの燃料を噴射して燃焼することで高温高圧のガスを発生させ，タービンを回します．図1.16はガスタービン発電の構成図です．この図は，開放サイクルといわれるものです．吸気・排気とも大気に対して開放されています．設備が簡単である反面，騒音が大きく，外気温が上がると出力が低下するという欠点があります．この欠点を補ったものに密閉サイクルがあります．

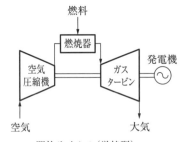

開放サイクル（単純型）

図1.16　ガスタービン

構造がシンプルだね．

　ガスタービン発電の一般的な特徴は次のとおりです．

① 熱効率が20〜30%と低い．
② 大気温度が高くなると出力が低下する．
③ 騒音が大きい．
④ 高温燃焼による窒素酸化物の排出が多い．
⑤ 設備が簡単で建設費が安い．
⑥ 大量の冷却水を必要としない．
⑦ 運転操作が簡単．
⑧ 始動・停止にかかる時間が短く非常用発電設備に適する．

　このガスタービンと火力発電を組み合わせたものがコンバインドサイクル発電です．この方式によって発電設備全体の熱効率を50%以上に高めることができます．図1.17はコンバインドサイクル発電の構成図です．

コンバインドとは結合させるという意味だよ.

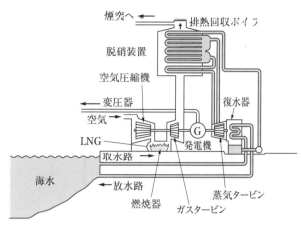

図1.17　コンバインドサイクル発電

ガスタービンの熱効率 η_G, 蒸気タービンの熱効率を η_S とするとコンバインドサイクルの熱効率 η_C は次のとおりです.

$$\eta_C = \eta_G + (1 - \eta_G) \times \eta_S \qquad (1.18)$$

1・4・2　ディーゼル発電

　ディーゼルエンジンは,高圧縮された空気に軽油や重油などの燃料を燃焼室に噴射して着火させ,燃焼(爆発)による膨張によってピストンを動作させるものです.4サイクル方式と2サイクル方式のものがあります.これに発電機を接続して利用します.ボイラのように外からの熱エネルギーで内部の水の状態を変化させるようなものを外燃機関というのに対して,エンジンのように内部の燃焼によるエネルギーを利用するもの内燃機関といいます.

　図1.18が4サイクルエンジンの仕組みです.吸気→圧縮→膨張→排気という4つの行程を繰り返します.燃料の噴射は,圧縮行程でピストンが図の最上部(上死点といいます)に到達した直後に行います.このタイミングが早過ぎるとエンジンが止まってしまいます.4つの行程(ピストン2往復)に1回の爆発があるので4サイクルエンジンといいます.

4サイクルは「4ストローク」という表記もあるよ.
2サイクルなら「2ストローク」だね.

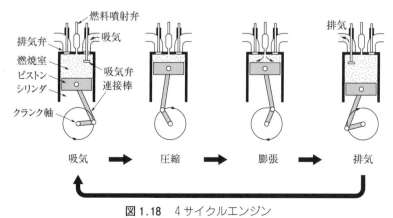

図1.18　4サイクルエンジン

　図1.19は2サイクルエンジンです．ピストンが上昇するときに圧縮と吸気を同時に行い，下降するときに吸気した空気を燃焼室に送り燃焼後のガスを追い出すように排気します．

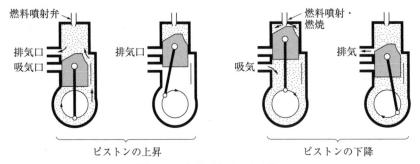

図1.19　2サイクルエンジン

　燃料の噴射のタイミングは4サイクルエンジンと同様でピストンが図の最上部に到達した直後に行います．上昇・下降の2つの行程(ピストン1往復)に1回の爆発があるので2サイクルエンジンといいます．

> **! Point**
>
> 　ディーゼルエンジンは，空気の圧縮率が高く，その熱で燃料が自然発火します．これに対してガソリンエンジンは燃料を点火プラグによって着火します．エンジン式の発電機は，大型の固定式のもののほか，建築現場や災害時に利用される移動型のものがあります．
>
> 　まったく構造の異なるロータリー式のエンジンがあります．後述の燃料電池でコジェネレーションについて説明をしていますが，このシステムにロータリーエンジンを利用したものがあります．

1・4・3　再生可能エネルギー

　再生可能エネルギーとは石油や石炭などの地下資源に頼らないエネルギーのことです．「エネルギー供給事業者による非化石エネルギー源の利用および化石エネルギー原料の有効な利用の促進に関する法律」とその施行令の中で定義されています．

　具体的には，太陽光，風力，水力，地熱，太陽熱，大気中の熱，その他の自然界に存在する熱，バイオマスの7種類です．この中から発電に関係の深いものをいくつか解説します．

(1)　太陽光発電

　発光ダイオード(LED)は電気をかけると発光する素子です．太陽光発電はその逆の原理で，光を当てると発電するものです．構造はダイオードとほぼ同じで，p型半導体とn型半導体を張り合わせたものになります．これが太陽電池です(図1.20)．

> 再生可能エネルギーとは
> 英語では renewable energy.
> (訳さない方がわかり易いかな)

　太陽電池の最小単位をセルといい，セルを連結してパネル状にしたものをモジュールといいます．さらにそのモジュールを何枚か並べたものをアレイといいます．太陽光発電出力は直流(DC)です．家庭用の電源として利用する場合，配電線に電力を供給する場合(系統連系による逆潮流)には交流

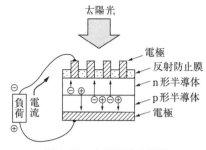

図1.20　太陽電池の原理

(AC)に変換する必要があります．この変換を実現する装置をパワーコンディショナといいます(図1.21)．パワーコンディショナは，配電線へ送電(逆潮流)する場合に悪影響がないようにするための役目もあります．

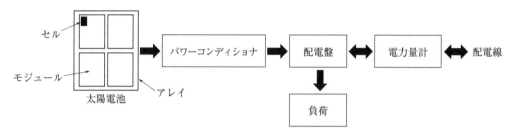

図1.21　太陽光発電システム

　太陽電池はその素材によって，「シリコン系」「化合物系」「有機系」「ハイブリッド系」があります．太陽光エネルギーをどれだけの電力に変換できるかというのが変換効率です(式1.19)．一般的な変換効率は15〜20％ですが，シリコン系のものでは25％を超えるものも開発されています．

年々，効率がよくなってきてるよ．

$$変換効率＝\frac{出力電気エネルギー〔kW〕}{太陽光エネルギー〔kW/m^2〕×太陽光パネルの面積〔m^2〕}$$

$$\cdots\cdots(1.19)$$

(2)　風力発電

　自然の風を利用して風車を回し発電するものです(図1.22)．年間を通して6.5 m/s以上の風が吹く場所に設置すれば十分な発電量が期待できます．二酸化炭素や窒素酸化物を排出しません．大型のものは高さが100 mに達し，台風や地震などの自然の脅威に対して十分な強度を必要とします．また，設置場所によってはブレード(翼)の風切り音といった騒音に配慮しなければなりません．

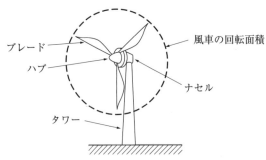

図1.22　風力発電の構成

間近で見るとかなり
でかいよ.

風車を通過する空気の質量を m〔kg〕，速度を v〔m/s〕とすると風の運動エネルギー E〔J〕は

$$E=\frac{1}{2}mv^2 \text{〔J〕} \quad \cdots\cdots\cdots\cdots\cdots\cdots\cdots\cdots\cdots\cdots\cdots\cdots\cdots (1.20)$$

ここで，空気の密度を ρ〔kg/m^3〕，風車の回転面積を A〔m^2〕，風の速度を v〔m/s〕とすると空気の質量 m〔kg〕は

$$m=\rho Av \text{〔kg〕} \quad \cdots\cdots\cdots\cdots\cdots\cdots\cdots\cdots\cdots\cdots\cdots\cdots\cdots (1.21)$$

風のもつエネルギーを100%利用することは困難であり，風車の出力との比を C_p とすると風車の出力 E_w〔J〕は

$$E_w=\frac{1}{2}C_p mv^2=\frac{1}{2}C_p(\rho Av)v^2=\frac{1}{2}C_p\rho Av^3 \text{〔J〕} \quad \cdots\cdots\cdots\cdots\cdots (1.22)$$

風車の出力は，風車の回転面積と風速の3乗に比例します.

覚えにくい公式だけ
ど重要だよ.

(3)　小水力発電

新エネルギー法では，1 000 kW 以下の水力発電を小水力発電としています. 流れ込み式や水路式を使い，ダムなどによる貯水はしません. 昔話に出てくる水車小屋のイメージです. 年間を通じて安定した電力が得られる, 太陽光発電と比較して接地面積が小さく経済性がよいといった利点があります.

(4)　地熱発電

地下から噴出する蒸気や熱水を利用してタービン発電を行うものです. 汽水分離された蒸気をそのまま利用する方式（フラッシュサイクル）や熱によってアンモニアなど別の媒体を沸騰させることによる方式（バイナリサイクル）などがあります. 昼夜を問わず安定した発電量を得られる反面，火山性の熱利用であることから噴火などの危険性があります. 温室効果ガスである二酸化炭素の排出は，火山性ガスに含まれるものであり，火力発電と比較してかなり小さいものとなります.

(5)　バイオマス発電

バイオマスとは，現時点で存在する生物のことだと考えて下さい. 生物由来の木くず，可燃性のごみや食用廃油などの燃料をバイオ燃料といいます. これを利用した発電をバイオマス発電といいます. 発電の原理は火力発電と同じで

す．植物を例にした炭素の循環の様子を図1.23に示します．このサイクルでは大気中の二酸化炭素が増加しないと考えられます．これをカーボンニュートラルといいます．

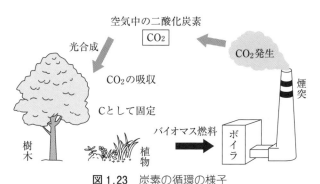

図1.23　炭素の循環の様子

1・4・4　燃料電池

ディーゼルエンジンなどの内燃機関やボイラ設備のような外燃機関での排熱を給湯などにも利用するものをコジェネレーションといいます．さらに植物の生育目的などに二酸化炭素まで利用するものをトリジェネレーションといいます．内燃機関や外燃機関以外のエネルギー源として注目されているものに燃料電池があります．

水を電気分解すると水素と酸素が発生します．この過程を逆にして，水素と酸素を化合させ水ができる際に電気を取り出すことができます．これが燃料電池の原理です．燃料となる水素は，天然ガス，アルコール，バイオマスなどから作り出します．発電効率60%程度ですが，コジェネレーションとしての利用では，全体の効率が90%に達するものもあります．

1・4・5　二次電池

電池は自ら発電をするものではありません．電気を一時的に蓄えておくものです．使い切りのものを一次電池といいます．これに対して充電をすることで繰り返し利用できるものを二次電池といいます．鉛蓄電池やリチウムイオン電池などさまざまな種類があります．

停電などによって電力が断たれた場合に電力を供給する無停電電源装置の中身は二次電池です．無停電電源装置は一般にUPSと呼ばれていますが，交流出力のものをCVCFとして区別することがあります．利用の前には充電が必要となりますが，これには数時間かかる場合があります．

□ **ガスタービンの発電**≫ 解放サイクル，密閉サイクル，コンバインドサイクル
□ **コンバインドサイクルの熱効率**≫ $\eta_C = \eta_G + (1 - \eta_G) \times \eta_S$
□ **ディーゼルエンジンの仕組みと動作**≫ 4サイクル，2サイクル
□ **再生可能エネルギー**≫ 風力発電($E_w = \dfrac{1}{2} C_p \rho A v^3$〔J〕)，太陽光発電，小水力発電，地熱
　　　　　　　　　　　　　発電，バイオマス発電
□ **燃料電池**
□ **二次電池**≫ UPS，CVCF

国家試験問題

問題 1

　複数の発電機で構成されるコンバインドサイクル発電を，同一出力の単機汽力発電と比較した記述として，誤っているのは次のうちどれか．
(1)　熱効率が高い．
(2)　起動停止時間が長い．
(3)　部分負荷に対応するため，運転する発電機数を変えるので，熱効率の低下が少ない．
(4)　最大出力が外気温度の影響を受けやすい．
(5)　蒸気タービンの出力分担が少ないので，その分復水器の冷却水量が少なく，温排出量も少なくなる．

《H22-3》

解説

　コンバインドサイクル発電では，起動・停止にかかる時間が短いガスタービンの特徴を利用しています．また，ガスタービンは，負荷変動に対して即応性があるという利点もあります．

問題 2

　次の文章は，太陽光発電に関する記述である．
　現在広く用いられている太陽電池の変換効率は太陽電池の種類により異なるが，およそ ［(ア)］
〔%〕である．太陽光発電を導入する際には，その地域の年間 ［(イ)］ を予想することが必要である．
また，太陽電池を設置する ［(ウ)］ や傾斜によって ［(イ)］ が変わるので，これらを確認する必要がある．さらに，太陽電池で発電した直流電力を交流電力に変換するためには，電気事業者の配電線に連系して悪影響を及ぼさないための保護装置などを内蔵した ［(エ)］ が必要である．
　上記の記述中の空白箇所(ア)，(イ)，(ウ)及び(エ)に当てはまる組合せとして，最も適切なものを次の(1)～(5)のうちから一つ選べ．

	（ア）	（イ）	（ウ）	（エ）
(1)	7〜20	平均気温	影	コンバータ
(2)	7〜20	発電電力量	方位	パワーコンディショナ
(3)	20〜30	発電電力量	強度	インバータ
(4)	15〜40	平均気温	面積	インバータ
(5)	30〜40	日照時間	方位	パワーコンディショナ

《H25-5》

解説

　再生可能エネルギーで説明をした太陽電池の効率は15〜20％です．20％を超えるものはまだ少数派であり，あえて解答を選択するとすれば7〜20％ということになるでしょう．今後問題に利用される数値が大きい方へシフトしてくるものと思われます．太陽光パネルの設置はその方角や角度によって発電電力量が変わってきます．

問題3

　風力発電に関する記述として，誤っているものを次の(1)〜(5)のうちから一つ選べ．

(1)　風力発電は，風の力で風力発電機を回転させて電気を発生させる発電方式である．風が得られれば燃焼によらずパワーを得ることができるため，発電するときにCO_2を排出しない再生可能エネルギーである．

(2)　風車で取り出せるパワーは風速に比例するため，発電量は風速に左右される．このため，安定して強い風が吹く場所が好ましい．

(3)　離島においては，風力発電に適した地域が多く存在する．離島の電力供給にディーゼル発電機を使用している場合，風力発電を導入すれば，そのディーゼル発電機の重油の使用量を減らす可能性がある．

(4)　一般的に，風力発電では同期発電機，永久磁石式発電機，誘導発電機が用いられる．特に，大形の風力発電機には，同期発電機又は誘導発電機が使われている．

(5)　風力発電では，翼が風を切るため騒音を発生する．風力発電を設置する場所によっては，この騒音が問題となる場合がある．この騒音対策として，翼の形を工夫して騒音を低減している．

《H24-5》

解説

$$E_w = \frac{1}{2} C_p \rho A v^3 \text{〔J〕}$$

　上の式より，風車で取り出せるエネルギーは，ブレードの回転面積と風速の3乗に比例します．安定して強い風の吹くことが条件となりますが，強すぎる場合にはブレーキをかけるなど回転数の調整をする必要があります．現在，発電機の種類は可変速交流励磁同期発電機が多く採用されているようです．

!Point

　計算問題でなくても公式を理解していないと解答できない場合がありますので，注意が必要です．

問題4

　次の文章は，地熱発電及びバイオマス発電に関する記述である．

　地熱発電は，地下から取り出した　(ア)　によってタービンを回して発電する方式であり，発電に適した地熱資源は　(イ)　に多く存在する．

　バイオマス発電は，植物や動物が生成・排出する　(ウ)　から得られる燃料を利用する発電方式である．燃料の代表的なものには，木くずから作られる固形化燃料や，家畜の糞から作られる　(エ)　がある．

　上記の記述中の空白箇所(ア)，(イ)，(ウ)及び(エ)に当てはまる組合せとして，正しいものを次の(1)～(5)のうちから一つ選べ．

	(ア)	(イ)	(ウ)	(エ)
(1)	蒸気	火山地域	有機物	液体燃料
(2)	熱水の流れ	平野部	無機物	気体燃料
(3)	蒸気	火山地域	有機物	気体燃料
(4)	蒸気	平野部	有機物	気体燃料
(5)	熱水の流れ	火山地域	無機物	液体燃料

《H29-5》

解説

　バイオマス燃料は，有機物燃料といえます．有機物とは炭素を含む化合物のことです（二酸化炭素など一部例外的に有機物とされない物質があります）．バイオマス燃料は，そのまま燃焼して利用するもの以外に，発酵によって生成したメタンガスを利用するものがあります．

問題5

　二次電池に関する記述として，誤っているものを次の(1)～(5)のうちから一つ選べ．

(1)　リチウムイオン電池，NAS電池，ニッケル水素電池は，繰り返し充放電ができる二次電池として知られている．

(2)　二次電池の充電法として，整流器を介して負荷に電力を常時供給しながら二次電池への充電を行う浮動充電方式がある．

(3)　二次電池を活用した無停電電源システムは，商用電源が停電したとき，瞬時に二次電池から負荷に電力を供給する．

(p.42～44の解答)　**問題1** →(2)　**問題2** →(2)　**問題3** →(2)　**問題4** →(3)

(4)　風力発電や太陽光発電などの出力変動を抑制するために，二次電池が利用されることもある．

(5)　鉛蓄電池の充電方式として，一般的に，整流器の定格電圧で回復充電を行い，その後，定電流で満充電状態になるまで充電する．

《H26-5》

解説

　商用電源に対して負荷と二次電池が並列状態で接続されていて，常に満充電が維持されている方式を浮動充電方式といいます．停電時は，二次電池のエネルギーを利用することになります．蓄電池の中は複数のセルが直列に接続されていて必要な電圧を得るような構造になっています．例えば，鉛蓄電池はセル当たり約2Vの電圧を発生しますので，自動車用の12Vバッテリーの場合は6つのセルが直列接続されています．浮動充電で長期間使用するとセル毎に電圧のばらつきが生じます．セル間の電位差による循環電流が発生により，セルに悪影響を及ぼします．この電圧のばらつきを均一化する方法として均等充電方式があります．

　蓄電池は充電量が少ない状態では発生する電圧が低くなります．その状態で電圧を固定して充電（定電圧充電）を始めると，電圧が回復するまでに流れる電流が大きくなり，充電器と蓄電池の双方に悪影響があります．そこで，ある程度までは一定の電流で充電（定電流充電）を行うようにします．満充電後も充電を続けると過充電の状態となり，蓄電池の種類によっては発火の危険などもあります．

(p.44〜45の解答)　問題5 ▶ →(5)

第2章　変電設備

2・1　変電所 ……………………………………… 48

2・2　変圧器の結線 ……………………………… 61

2・3　変圧器の並行運転と短絡電流 ………… 71

2・1 変電所

出題項目 ● CHECK!

- ☐ 変電所の設備
- ☐ 変圧器の概要
- ☐ 周波数変換と直流送電

2・1・1 変電所・送電線・配電線

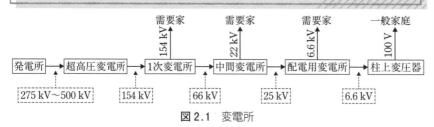

図 2.1　変電所

図2.1は、発電所から需要家(工場や一般家庭)に至る電気の流れを表したものです。発電所と変電所の間、変電所間、柱上変圧器に至るまでの電線を送電線といい、そこから各需要家に至る電線を配電線といいます。特別高圧で受電する大口需要家は、その構内に変電所に相当する設備をもつのが一般的ですから、その部分は配電線であり送電線でもあると考えられます。また、高圧受電をする需要家の敷地内にはキュービクル式高圧受変電設備を設置して必要な電圧を取り出して利用します。一般家庭の場合は、高圧を柱上変圧器で低圧にして供給されます。

発電所の発電電圧は 20 kV 程度ですが、構内の変電所で 275 ～500 kV に昇圧されて送り出されます。高い電圧で送電を始める理由としては、電流を小さく抑えることが考えられます。そうすることで、電流によるジュール熱による損失、電圧降下を抑えることになります。また、電線を細くすることができるためコストが抑えられるメリットがあります。

ほかにもいろんな電圧が使われてるよ。新幹線は交流 25 000 V だったりね。

2・1・2 変圧器

変圧器は電圧を上げたり(昇圧)下げたり(降圧)することを目的とした設備です。図2.2は内鉄形といわれるもので、鉄心に電線を巻いた様子を図示したものです。変圧器一次側(入力側)の巻数(一次

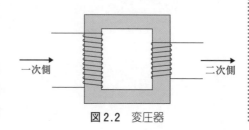

図 2.2　変圧器

巻線数)を n_1, 電圧を V_1, 二次側(出力側)の巻数(二次巻線数)を n_2, 電圧を V_2, とすると次式になります.

$$\frac{V_2}{V_1} = \frac{n_2}{n_1} \quad\cdots\cdots\cdots\cdots\cdots\cdots\cdots\cdots\cdots\cdots\cdots\cdots\cdots (2.1)$$

$n_1 : n_2$ を巻線比といいます. また, 一次側の電流を I_1, 二次側の電流を I_2 とすると,

$$V_1 I_1 = V_2 I_2 \quad\cdots\cdots\cdots\cdots\cdots\cdots\cdots\cdots\cdots\cdots\cdots (2.2)$$

変圧器の一次側と二次側で電力は等しくなります. 式(2.1), 式(2.2)より

$$\frac{I_2}{I_1} = \frac{V_1}{V_2} = \frac{n_1}{n_2} \quad\cdots\cdots\cdots\cdots\cdots\cdots\cdots\cdots\cdots\cdots (2.3)$$

電流と電圧とでは一次側と二次側の巻線比との関係が逆数になることがわかります. さらに, 一次側のインピーダンスを Z_1, 二次側のインピーダンスを Z_2 とすると,

$$Z_1 = \frac{V_1}{I_1}, \qquad Z_2 = \frac{V_2}{I_2} \quad\cdots\cdots\cdots\cdots\cdots\cdots\cdots\cdots\cdots (2.4)$$

インピーダンスの比は, 式(2.5)となり巻線比の2乗です.

$$\frac{Z_2}{Z_1} = \frac{\frac{V_2}{I_2}}{\frac{V_1}{I_1}} = \frac{I_1}{I_2} \times \frac{V_2}{V_1} = \frac{n_2}{n_1} \times \frac{n_2}{n_1} = \left(\frac{n_2}{n_1}\right)^2 \quad\cdots\cdots\cdots\cdots (2.5)$$

変圧器には電線によるコイルが鉄心に覆われている**外鉄形**というものもあります. また電線の巻き方も図2.2のように一次, 二次の巻線が単独で巻かれているものもあれば, 同心円状に重ね巻きしたものもあります. さらに三次巻線を有するものもあります.

鉄心は薄い鉄の板を, 境目を絶縁して重ね合わせた構造(**積層鉄心**)になっています. こうすることで, 鉄心の抵抗を大きくして渦電流による熱損失を抑えています.

変圧器は単体で利用する場合もあれば複数台を組み合わせて利用する場合もあります. それについては後述します.

2·1·3 開閉設備

(1) 遮断器

短絡事故電流などを**遮断**することにより負荷側の設備を保護し, 電力供給側への波及を防止するための開閉設備を**遮断器**といいます. **保護継電器**と連携して利用されます. 負荷電流が流れている状態での電極の**引き外し**となりますので, 電極間に**アーク放電**が発生して接続状態が維持されてしまう場合があります. これを消し去る方法(**消弧**)として次のような手法が考えられています(表2.1). これ以外にも過電流から電路を開く**電力ヒューズ**も遮断器の一種と考え

この変圧器は直流には使えないよ

第2章 変電設備

遮断器ってブレーカーっていうよね

られます.

表2.1　遮断器

種　　　類	方　　　　　式
油遮断器(OCB)	絶縁油に浸すことで消弧します. 絶縁油による健康被害が問題視されています.
磁気遮断器(MBB)	電磁石で引き寄せ，アークホーンを経由してアークシュートで消弧します. 大容量化には適さずキュービクルなどで利用されています.
空気遮断器(ABB)	高速の空気によってアーク放電を吹き飛ばすもの. 大容量化に適しており，保守が容易ですが，騒音のが大きいという問題があります.
真空遮断器(VCB)	内部を真空による高絶縁耐力によって消弧します.
ガス遮断器(GCB)	六フッ化硫黄(SF$_6$)によって消弧します. 電極の冷却効果に優れ空気遮断器と比較して騒音が低減されます.

　図2.3に真空遮断器の構造図を示します. 事故時には稼働軸が引き抜かれて電極が離れることで電気を遮断します.

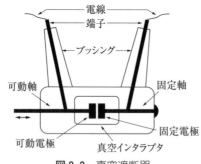

図2.3　真空遮断器

(2)　保護継電器

　保護継電器は，負荷側での短絡故障や地絡故障を検知して信号を遮断器に送ります. 短絡電流や地絡電流は後述の計器用変成器を介して検出されます(表2.2).

継電器ってリレーの事だね

表2.2　保護継電器

種　　　類	機　　　能
過電流継電器(OCR)	一定以上の電流(過電流，短絡電流)を検知して動作します.
地絡過電流継電器(GR)	一定以上の地絡電流(零相電流)を検知して動作します.
地絡方向継電器(DGR)	零相電圧と零相電流とで方向を判定して動作します. ケーブルのこう長が長い場合などで地絡過電流継電器が誤動作することが考えられる場合はこれを使います.
過電圧継電器(OVR)	一定以上の電圧が回路に加わった場合に動作します.

　保護の形態として，ある保護区間内の事故に対して動作するものを主保護継電器，主保護継電器で事故の遮断ができなかった場合に動作するものを後備保護継電器といいます.

(3)　断路器

　負荷電流が流れていない状態で開閉する設備を断路器といいます.（負荷電流が充電電流程度の微弱なものであれば開閉可能なものもあります.）略称はDSです. アーク放電を避けるために遮断器を入れたまま断路器を切ることのないようにインターロック回路が設置されています. 図2.4断路器の一例を示します. フック金具に鍵棒を引っ掛けて外します.

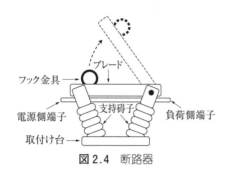

図2.4　断路器

(4)　開閉器

　例外はありますが，電路が正常な状態のときに開閉を行うものを開閉器といいます（表2.3）.

表2.3　開閉器

種　類	内　　　容
高圧交流負荷開閉器 (LBS)	変圧器や進相コンデンサの一次側（電源側）に設置される高圧開閉器.
ガス絶縁開閉装置 (GIS)	遮断器，断路器，計器用変成器，避雷器，母線などを接地された金属製の容器に密閉し内部を**六フッ化硫黄**（SF$_6$）で**絶縁化**した開閉ユニット. スイッチギアと呼ばれる場合があります.

2·1·4　調相設備

　無効電力を調整して送電線の力率を改善し，受電側の電圧を制御する設備を調相設備といいます. 負荷側と並列になるように接続して利用します（表2.4）.

> ガス絶縁開閉装置（GIS）はガス遮断器（GCB）と混同しがちだけど, GIS は付帯装置を含むユニット, GCB は遮断器単体の事だよ

表2.4　調相設備

種　類	機　　　能
電力用コンデンサ(SC)	遅れ無効電力を打ち消して力率を改善します.
分路リアクトル(SR)	進み無効電力を打ち消して力率を改善します. 電力用コンデンサと逆の働きをします.
同期調相機(RC)	界磁電流を増加して進み電流を，減少して遅れ電流を得て力率を改善する電動機です.
静止型無効電力補償装置(SVC)	コンデンサ，リアクトルとサイリスタを組み合わせて力率を改善します.

❗Point

昼間など電力需要が大きい場合には，遅れ無効電力が増大しますのでそれを打ち消すことで力率を改善します．それ以外の場合は進み無効電力を打ち消して，力率を改善することになります．

2・1・5　計器用変成器

電圧や電流の測定に必要な信号を扱う変圧器のことを計器用変成器といいます（表2.5）．

変成器も変圧器と同じ役割なんだね

表2.5　計器用変成器

種　類	内　　　容
計器用変圧器(VT)	高圧回路の交流電圧を測定するための変圧器で，通常**二次側(計器側)の定格電圧は110 V** です．**二次側を短絡**してはいけません．短絡すると大電流が流れ焼損，絶縁破壊の恐れがありますので，作業の場合はその上位側を開放するが必要があります．また，0 V による作業ですから，作業中は不足電圧継電器の接続ができません．
変流器(CT)	高圧回路の交流電流を測定するための変圧器で，通常**二次側(計器側)の定格電流は5 A** です．**二次側を開放**してはいけません．開放すると高電圧が発生し焼損，絶縁破壊の恐れがありますので，作業の場合はその上位側を短絡する必要があります．
電力需給用計器用変成器(VCT)	VT と CT を一つの箱に収めたもので，電力量計と組み合わされます．
零相変流器(ZCT)	三相交流の三相分の電流の合計は0 A となります．地絡が発生すると0 A ではなくなります．この電流の計測をするため変流器です．

2・1・6　避雷器

雷などによる異常電圧（雷サージ）から装置等を保護し，それに続く電源系統からの続流を遮断する装置です．LA または SPD という略称が使われています．放電電極をもつギャップ付き避雷器（図2.5）とそれを持たないギャップレス避雷器（図2.6）があります．

避雷器は避雷針とは違うよ

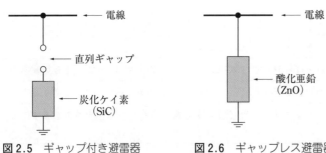

図2.5　ギャップ付き避雷器　　図2.6　ギャップレス避雷器

雷以外にも開閉設備の動作によるサージ電圧からの保護にも有効です．ある一定の電圧(放電開始電圧)を超えると作用し，電圧に比例しない特性で電流を流す性質をもちます(非直線抵抗)．避雷器が作用している場合に大地との間に残る電圧を制限電圧といいます．配置される機器の設計や配置はこの制限電圧に耐えるだけの能力で済み経済的な効果があります．これを絶縁協調といいます．

ギャップ付き避雷器には炭化ケイ素(SiC)が利用されています．歴史は古く1930年代頃の発明です．それ以前は酸化アルミニウム(Al_2O_3)が利用されていたようです．通常電圧でも電気が流れてしまうためギャップを入れる必要があります．1980年代になって酸化亜鉛(ZnO)が利用されるようになりました．炭化ケイ素よりも特性に優れ，通常の電圧ではほとんど電流が流れないためギャップを入れる必要がなくなり近年の主流となっています．

2·1·7　周波数変換装置

明治時代に関東地方ではドイツ製の 50 Hz 発電機が導入され，関西地方では米国製の 60 Hz 発電機が導入されました．その歴史が今でも継続しており東日本では 50 Hz，西日本では 60 Hz の電力供給となっています．

そのため東西で電力の融通をする必要がある場合には周波数の変換が必要となります．それを実現する設備が周波数変換装置です．交流を整流して直流にし，インバータで交流に変換します．2021 年現在 4 か所が稼働中です．飛騨変換所では直流を新信濃変電所に送電しています(表 2.6)．

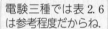
電験三種では表 2.6 は参考程度だからね．

表 2.6　周波数変換所

周波数変換所	所在地・稼働時期
佐久間周波数変換所	静岡県浜松市・1965 年 10 月
新信濃変電所	長野県東筑摩郡朝日村・1977 年 12 月
東清水変電所	静岡県静岡市・2006 年 3 月
飛騨変換所	岐阜県高山市・2021 年 3 月

2·1·8　直流送電

前述までの解説に関連した項目として直流送電の長所と短所について解説します．

(1)　長所

①　実効値が同じ交流と比較して，最高電圧が $1/\sqrt{2}$ 倍と小さいため，絶縁が容易である．

②　表皮効果(交流において電流密度が導体の表面ほど高くなる現象)を生じ

国家試験問題で出題の傾向を掴んでね

ないため導体利用率がよい.

③　無効電力がなく電流が小さい，誘電体が直流に対しては絶縁体としての特性になるため誘電損がないといった理由から電圧降下，電力損失が小さい.

④　必要な電線が2条のため経済的.

⑤　静電容量による充電電流(電線のもつ静電容量に対して流れる電流)が存在せず送電容量が大きくとれる.

⑥　リアクタンスによる電圧降下やフェランチ効果を考慮する必要がなく調相設備が不要.

⑦　周波数の異なる交流系統間での連系を容易にする.

(2)　短所

①　交流と比較して変圧設備での損失が大きい.

②　電流が0となる部分がないため遮断が難しい.

③　交直変換装置からの高調波対策が必要.

④　帰路を大地として電線を1条にした場合は電食(地中の金属が腐食すること. 電蝕とも書く)が生じる.

● 試験の直前 ● CHECK!

□　**変電所・送電線・配電線**

□　**変圧器**＞＞巻線比　$\dfrac{V_2}{V_1}=\dfrac{n_2}{n_1}$,　$\dfrac{I_2}{I_1}=\dfrac{n_1}{n_2}$,　$\dfrac{Z_2}{Z_1}=\left(\dfrac{n_2}{n_1}\right)^2$

□　**開閉設備**＞＞遮断器・保護継電器・断路器・開閉器

□　**調相設備**＞＞SC，SR，RC，SVC

□　**計器用変成器**＞＞VT，CT，VCT，ZCT

□　**避雷器**＞＞ギャップ付き，ギャップレス

□　**周波数変換装置**

□　**直流送電**＞＞表皮効果を生じない，電食

国家試験問題

問題1

次の文章は，変電所の主な役割と用途上の分類に関する記述である.

変電所は，主に送電効率向上のための昇圧や需要家が必要とする電圧への降圧を行うが，進相コンデンサや　(ア)　などの調相設備や，変圧器のタップ切り換えなどを用い，需要地における負荷の変化に対応するための　(イ)　調整の役割も担っている. また，送変電設備の局所的な過負荷運転を避けるためなどの目的で，開閉装置により系統切り換えを行って　(ウ)　を調整する. さらに，

送電線において，短絡又は地絡事故が生じた場合，事故回線を切り離すことで事故の波及を防ぐ系統保護の役割も担っている．

　変電所は，用途の面から，送電用変電所，配電用変電所などに分類されるが，東日本と西日本の間の連系に用いられる　<u>（エ）</u>　や北海道と本州の間の連系に用いられる　<u>（オ）</u>　も変電所の一種として分類されることがある．

　上記の記述中の空白箇所(ア)，(イ)，(ウ)，(エ)及び(オ)に当てはまる組合せとして，正しいものを次の(1)〜(5)のうちから一つ選べ．

	（ア）	（イ）	（ウ）	（エ）	（オ）
(1)	分路リアクトル	電圧	電力潮流	周波数変換所	電気鉄道用変電所
(2)	負荷開閉器	周波数	無効電力	自家用変電所	中間開閉所
(3)	分路リアクトル	電圧	電力潮流	周波数変換所	交直変換所
(4)	負荷時電圧調整器	周波数	無効電力	自家用変電所	電気鉄道用変電所
(5)	負荷時電圧調整器	周波数	有効電力	中間開閉所	交直変換所

《R1-7》

解説

　問題文の流れは本文の解説でほぼ理解できると思います．（ウ）の部分には電力潮流という語が入ります．この問題文に対しては，単に電気の流れという理解でよいでしょう．電気の流れを潮の満ち引きにたとえてこう呼んでいます．売電などのように電力会社に電気を戻すような場合は逆潮流といいます．

問題2

　ガス絶縁開閉装置に関する記述として，誤っているものを次の(1)〜(5)のうちから一つ選べ．

(1)　ガス絶縁開閉装置の充電部を支持するスペーサにはエポキシ等の樹脂が用いられる．

(2)　ガス絶縁開閉装置の絶縁ガスは，大気圧以下の SF_6 ガスである．

(3)　ガス絶縁開閉装置の金属容器内部に，金属異物が混入すると，絶縁性能が低下することがあるため，製造時や据え付け時には，金属異物が混入しないよう，細心の注意が払われる．

(4)　我が国では，ガス絶縁開閉装置の保守や廃棄の際，絶縁ガスの大部分は回収されている．

(5)　絶縁性能の高いガスを用いることで装置を小形化でき，気中絶縁の装置を用いた変電所と比較して，変電所の体積と面積を大幅に縮小できる．

《R1-6》

解説

　ガス絶縁開閉装置(GIS)の特徴としては，密閉された容器に入っているため内部の汚損がない，小型化できるといったことがあげられます．内部には絶縁ガスとして六フッ化硫黄(SF_6)が利用されています．0.3 MPa 程度で絶縁油と同等の絶縁性能を得られ，ほとんどの装置の圧力は 0.3〜0.6 MPa 程度です．大気圧（1気圧）は 1013 hPa ≒ 0.1 MPa ですから(2)が誤りとなります（一般需

第2章　変電設備

要家向けのキュービクルの内部で利用されているものは大気圧以下のものもあります).

　保護リレーに関する記述として，誤っているものを次の(1)〜(5)のうちから一つ選べ.

(1)　保護リレーは電力系統に事故が発生したとき，事故を検出し，事故の位置や種類を識別して，事故箇所を系統から直ちに切り離す指令を出して遮断器を動作させる制御装置である.

(2)　高圧配電線路に短絡事故が発生した場合，配電用変電所に設けた過電流リレーで事故を検出し，遮断器に切り離し指令を出し事故電流を遮断する.

(3)　変圧器の保護に最も一般的に適用される電気式リレーは，変圧器の一次側と二次側の電流の差から異常を検出する差動リレーである.

(4)　後備保護は，主保護不動作や遮断器不良など，何らかの原因で事故が継続する場合に備え，最終的に事故除去する補完保護である.

(5)　高圧需要家に構内事故が発生した場合，同需要家の保護リレーよりも先に配電用変電所の保護リレーが動作して遮断器に切り離し指令を出すことで，確実に事故を除去する.

《H27-6》

解説

　保護リレー(保護継電器)の信号による遮断は事故点を切り離すことを目的としています. 変電所の保護リレーが先に動作してしまうと問題のない需要家にまで被害がおよぶことになります.

　次の文章は，真空遮断器の構造や特徴に関する記述である.

　真空遮断器の開閉電極は，[(ア)]内に密閉され，電極を開閉する操作機構，可動電極が動作しても真空を保つ[(イ)]，回路と接続する導体などで構成されている.

　電路を開放した際に発生するアーク生成物は，真空中に拡散するが，その後，絶縁筒内部に付着することで，その濃度が下がる.

　真空遮断器は，空気遮断器と比べると動作時の騒音が[(ウ)]，機器は小形軽量である. また，真空遮断器は，ガス遮断器と比べると電圧が[(エ)]系統に広く使われている.

　上記の記述中の空白箇所(ア)，(イ)，(ウ)及び(エ)に当てはまる組合せとして，正しいものを次の(1)〜(5)のうちから一つ選べ.

	(ア)	(イ)	(ウ)	(エ)
(1)	真空バルブ	ベローズ	小さく	高い
(2)	パッファシリンダ	ベローズ	大きく	高い
(3)	真空バルブ	ベローズ	小さく	低い
(4)	パッファシリンダ	ブッシング変流器	小さく	高い
(5)	真空バルブ	ブッシング変流器	大きく	低い

《H25-7》

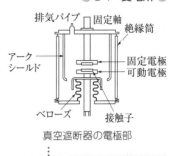

真空遮断器の電極部

解説

図2.3(真空遮断器)の電極の部分のだけの構造図を示します．内部がほぼ真空に保たれた真空バルブ内の様子です．可動軸が動いても内部の真空を保つ役割をはたすものがベローズです．ガス遮断器と同様に空気遮断器よりも騒音が小さくなります．

問題5

遮断器に関する記述として，誤っているものを次の(1)〜(5)のうちから一つ選べ．

(1)　遮断器は，送電線路の運転・停止，故障電流の遮断などに用いられる．

(2)　遮断器では一般的に，電流遮断時にアークが発生する．ガス遮断器では圧縮ガスを吹き付けることで，アークを早く消弧することができる．

(3)　ガス遮断器で用いられる六ふっ化硫黄(SF_6)ガスは温室効果ガスであるため，使用量の削減や回収が求められている．

(4)　電圧が高い系統では，真空遮断器に比べてガス遮断器が広く使われている．

(5)　直流電流には電流零点がないため，交流電流に比べ電流の遮断が容易である．

《H28-7》

解説

電流の遮断は，電流が0になった場合が最も容易です．交流の場合は0になる点が存在しますが，直流の場合は電流の強弱はあっても0になる瞬間がありません．

問題6

次の文章は，調相設備に関する記述である．

送電線路の送・受電端電圧の変動が少ないことは，需要家ばかりでなく，機器への影響や電線路にも好都合である．負荷変動に対応して力率を調整し，電圧値を一定に保つため，調相設備を負荷と　(ア)　に接続する．

調相設備には，電流の位相を進めるために使われる　(イ)　，電流の位相を遅らせるために使われる　(ウ)　，また，両方の調整が可能な　(エ)　や近年ではリアクトルやコンデンサの容量をパワーエレクトロニクスを用いて制御する　(オ)　装置もある．

上記の記述中の空白箇所(ア)，(イ)，(ウ)，(エ)及び(オ)に当てはまる組合せとして，正しいものを次の(1)〜(5)のうちから一つ選べ．

	(ア)	(イ)	(ウ)	(エ)	(オ)
(1)	並列	電力用コンデンサ	分路リアクトル	同期調相機	静止形無効電力補償
(2)	並列	直列リアクトル	電力用コンデンサ	界磁調整器	PWM制御
(3)	直列	電力用コンデンサ	直列リアクトル	同期調相機	静止形無効電力補償
(4)	直列	直列リアクトル	分路リアクトル	界磁調整器	PWM制御

(5)	直列	分路リアクトル	直列リアクトル	同期調相機	PWM 制御

《H24-8》

解説

本文の 2・1・4 項「調相設備」を参考にして下さい.

問題 7

　計器用変成器において，変流器の二次端子は，常に ［(ア)］ 負荷を接続しておかねばならない. 特に，一次電流(負荷電流)が流れている状態では，絶対に二次回路を ［(イ)］ してはならない. これを誤ると，二次側に大きな ［(ウ)］ が発生し ［(エ)］ が過大となり，変流器を焼損する恐れがある. また，一次端子のある変流器は，その端子を被測定線路に ［(オ)］ に接続する.

　上記の記述中の空白箇所(ア)，(イ)，(ウ)，(エ)及び(オ)に当てはまる語句として，正しいものを組み合わせたのは次のうちどれか.

	(ア)	(イ)	(ウ)	(エ)	(オ)
(1)	高インピーダンス	開放	電圧	銅損	並列
(2)	低インピーダンス	短絡	誘導電流	銅損	並列
(3)	高インピーダンス	短絡	電圧	鉄損	直列
(4)	高インピーダンス	短絡	誘導電流	銅損	直列
(5)	低インピーダンス	開放	電圧	鉄損	直列

《H22-9》

解説

　本文の 2・1・5 項「計器用変成器」の説明を補足します. 通常，変流器の二次側には電流計などの低インピーダンスの機器が接続されており，これで短絡に近い状態が保たれています. この状態では一次側と二次側の磁束が打ち消されますが，二次側を開放すると一次側の電流が全て励磁電流となって鉄心の温度が上昇し二次側に高い電圧(過大な鉄損)が発生します. その結果，変流器が焼損してしまう可能性があります.

　一次端子のある変流器は，その端子を被測定線路に直列に接続します.

問題 8

　次の文章は，避雷器とその役割に関する記述である.

　避雷器とは，大地に電流を流すことで雷又は回路の開閉などに起因する ［(ア)］ を抑制して，電気施設の絶縁を保護し，かつ，［(イ)］ を短時間のうちに遮断して，系統の正常な状態を乱すことなく，原状に復帰する機能をもつ装置である.

　避雷器には，炭化けい素(SiC)素子や酸化亜鉛(ZnO)素子などが用いられるが，性能面で勝る酸化亜鉛素子を用いた酸化亜鉛形避雷器が，現在，電力設備や電気設備で広く用いられている. なお，発変電所用避雷器では，酸化亜鉛形 ［(ウ)］ 避雷器が主に使用されているが，配電用避雷器では，酸化亜鉛形 ［(エ)］ 避雷器が多く使用されている.

　電力系統には，変圧器をはじめ多くの機器が接続されている. これらの機器を異常時に保護する

ための絶縁強度の設計は，最も経済的かつ合理的に行うとともに，系統全体の信頼度を向上できるよう考慮する必要がある．これを　(オ)　という．このため，異常時に発生する　(ア)　を避雷器によって確実にある値以下に抑制し，機器の保護を行っている．

上記の記述中の空白箇所(ア)，(イ)，(ウ)，(エ)及び(オ)に当てはまる組合せとして，正しいものを次の(1)～(5)のうちから一つ選べ．

	(ア)	(イ)	(ウ)	(エ)	(オ)
(1)	過電圧	続流	ギャップレス	直列ギャップ付き	絶縁協調
(2)	過電流	電圧	直列ギャップ付き	ギャップレス	電流協調
(3)	過電圧	電圧	直列ギャップ付き	ギャップレス	保護協調
(4)	過電流	続流	ギャップレス	直列ギャップ付き	絶縁協調
(5)	過電圧	続流	ギャップレス	直列ギャップ付き	保護協調

《H27-7》

解説

本文の 2・1・6 項「避雷器」の解説を参考にして下さい．

問題 9

電力系統で使用される直流送電系統の特徴に関する記述として，誤っているものを次の(1)～(5)のうちから一つ選べ．

(1)　直流送電系統は，交流送電系統のように送電線のリアクタンスなどによる発電機間の安定度の問題がないため，長距離・大容量送電に有利である．

(2)　一般に，自励式交直変換装置では，運転に伴い発生する高調波や無効電力の対策のために，フィルタや調相設備の設置が必要である．一方，他励式交直変換装置では，自己消弧形整流素子を用いるため，フィルタや調相設備の設置が不要である．

(3)　直流送電系統では，大地帰路電流による地中埋設物の電食や直流磁界に伴う地磁気測定への影響に注意を払う必要がある．

(4)　直流送電系統では，交流送電系統に比べ，事故電流を遮断器により遮断することが難しいため，事故電流の遮断に工夫が行われている．

(5)　一般に，直流送電系統の地絡事故時の電流は，交流送電系統に比べ小さいため，がいしの耐アーク性能が十分な場合，がいし装置からアークホーンを省くことができる．

《H29-6》

解説

(1)　負荷の変化や故障などに対して各発電機がいかに同期できているかの度合いを安定度といいます．直流の場合は周期的な電圧変化がないため，交流の場合のような位相への配慮が必要ありません．

(2)　インバータで，任意の周波数の交流を発生させるものが自励式で，交流側にある電源の周波数に依存するものが他励式です．本文の解説で調相設

(p.56～57の解答)　**問題4** → (3)　**問題5** → (5)　**問題6** → (1)　**問題7** → (5)

備が不要とあるのは直流で送電する場合です．交流に変換する際には自励
式，他励式共にフィルタや調相設備が必要となります．

(3)　直流送電の電車線(1 500 V)では数十 km 先まで磁界の影響があるそうで
す．電車線の線路は接地工事などはされていません．完全に接地すると電
食の問題が発生します．大地に置くことによって電位が 0 に近くなってい
ると考えて下さい．電車の架線(トロリー線)にはき電線(饋電線)によって
電気が供給され，線路からもき電線によって変電所に戻されます．

(4)　交流のように電流が 0 になることがないため，事故時の遮断が難しくな
ります．

(5)　直流の短絡事故時の電流は，交流に比べてかなり低いものとなります．

2・2 変圧器の結線

● 出題項目 ● CHECK！

☐ Δ結線・Y結線
☐ 中性点接地方式
☐ 変圧器の各種結線方式

2・2・1 変圧器の結線

　三相交流で利用する変圧器の結線は基本的にΔ結線とY結線があります．図2.2のような変圧器を使って接続したものが図2.8です．点線で囲まれたものが変圧器で，向かって左側がΔ結線，右側がY結線の例となります．

　両側に書かれた記号のような図は，それぞれ回路図に利用する場合のものです．これは3台の変圧器を組み合わせることを想定していますが，コイルの巻き方(重ね巻きなど)により1台で実現することも可能です．コイルの部分を相，そこから延びる電線を線といいます．コイルの両端電圧を相電圧，コイル内の電流を相電流，線と線の間の電圧を線間電圧，線を流れる電流を線電流といいます．

Δの読み方はデルタまたは三角で，Yの読み方はワイ，スターまたは星形だよ．

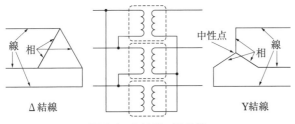

図2.8　Δ結線・Y結線

　ここで，Δ結線とY結線の特性をまとめておきます(表2.7)．

表2.7　結線方式の特性

結線方式	電圧	電流	位相
Δ結線	線間電圧 ＝相電圧	線電流 ＝$\sqrt{3}$×相電流	線電流は相電流より $\pi/6$〔rad〕(30°)遅れる
Y結線	線間電圧 ＝$\sqrt{3}$×相電圧	線電流 ＝相電流	線間電圧は相電圧より $\pi/6$〔rad〕(30°)進む

力率については第6章に解説してあるよ．

　線間電圧を V〔V〕，線電流を I〔A〕，力率を $\cos\theta$ とすると負荷電力は，単相の場合，

$$P = VI\cos\theta \,〔W〕 \quad\text{……………………………………} (2.6)$$

三相で，負荷が三相平衡（各相の特性が同じ）の場合は，次式となります．

$$P=\sqrt{3}\,VI\cos\theta\,[\text{W}]$$ ……………………………………… (2.7)

となります．

変圧器では，鉄心のヒステリシス現象などの影響により高調波が生じます（高調波の原因は，インバータ回路など外部要因もあります）．その中で最大のものが電源の周波数の3倍の三次高調波（第三調波）です．

Δ結線ではその成分が還流，あるいは循環電流となるので外に出ていかないといわれています．その理由を少し踏み込んで説明します．

基本波の振幅を I_1，三次高調波の振幅を I_3，基本波の角周波数を ω（$\omega=2\pi f$，f は電源の周波数），経過時間を t，三次高調波の $t=0$ での位相のずれを φ とすると各相電流 I_u，I_v，I_w は

$$\left.\begin{array}{l}I_u=I_1\sin\omega t+I_3\sin(3\,\omega t+\varphi)\\[2mm]I_v=I_1\left(\sin\omega t+\dfrac{2\pi}{3}\right)+I_3\sin(3\,\omega t+\varphi)\\[2mm]I_w=I_1\left(\sin\omega t+\dfrac{4\pi}{3}\right)+I_3\sin(3\,\omega t+\varphi)\end{array}\right\}\quad(2.8)$$

この式は参考程度．とばしても大丈夫だよ．

となります．相電流は相電圧の位相差によって生じます．逆にいえば相電流の位相差が相電圧を生むことになります．式(2.8)は，三次高調波には各相に位相差がないことを示しています．したがって相電圧は0となり外には出て行かないことになります（この式は三次高調波にしか適用できません）．後述の各結線方式で，どこかにΔ結線があれば三次高調波の影響を抑えることができます．

2・2・2　中性点接地方式

図2.8のY結線に中性点が示されています．Δ結線には中性点はありません．この部分を接地する方法について表2.8にまとめておきます．接地によるメリットの一つとしては，1線地絡時の保護継電器の動作が確実になるという点です．

電線が切れたりして地面に触ると地絡．電線同士が接触したら短絡だよ．

表2.8　中性点接地方式

方　　式	方　法　と　特　徴
非接地方式	・中性点を接地しない方式 ・地絡事故の健全相の対地電圧が $\sqrt{3}$ 倍になる場合がある ・事故時の通信線路への誘導障害が小さい ・6.6 kV のほとんどがこの方式を採用
直接接地方式	・中性点を直接接地する方式 ・地絡事故時の健全相の対地電圧の上昇がほとんどない

	・事故時の通信線路への誘導障害が大きい
	・187 kV 以上で採用
抵抗接地方式	・抵抗を通じて接地する方式
	・地絡事故時には抵抗値に応じて健全相の対地電圧の上昇が起きる
	・抵抗値を大きくとれば事故時の通信線路への誘導障害が小さい
	・22～154 kV で採用
消弧リアクトル接地方式	・消弧リアクトルを通じて接地する方式
	・1線地絡電流を小さくできるが，断線時に異常電圧が発生する
	・事故時の通信線路への誘導障害が小さい
	・66～110 kV で採用
補償リアクトル接地方式	・補償リアクトルと抵抗を通じて接地する方式
	・フェランチ効果（詳細は後述します）による健全相の対地電圧の上昇を抑えることができる
	・事故時の通信線路への誘導障害が小さい
	・66～154 kV 以下で採用

リアクトルとはコイルと考えて下さい．消弧リアクトルは，鉄心入りのコイルです．補償リアクトルは，リアクトルと抵抗器を並列にしたものです．

通信線路って電話線のことだね．光ファイバだったら誘導障害の影響はないよ．

2·2·3　変圧器の結線方式

ここからはさまざまな変圧器の接続法について解説します．

(1)　Δ－Δ 結線

一次側（電源側），二次側（負荷側）共に Δ 結線とする方式です（図 2.9）．特性は次のとおりです．

・一次側と二次側に位相差がない．

・三次高調波の影響がなく波形の歪を少なくできる．

・中性点の接地ができない．

・地絡保護を行うためには接地変圧器が必要．

・77 kV 以下の回路で使用．

図 2.9　Δ－Δ 結線

(2)　Δ－Y 結線

一次側を Δ 結線，二次側を Y 結線とする方式です（図 2.10）．図 2.8 の接続そのものです．

・二次側の線間電圧は一次側の線間電圧より $\pi/6$〔rad〕（30°）進み位相になる．

・三次高調波の影響がなく波形の歪を少なくできる．

・中性点の接地ができる．

・発電所の昇圧用変圧器として利用．

図 2.10　Δ－Y 結線

(3)　Y－Δ結線

　一次側を Y 結線，二次側を Δ 結線とする方式です（図2.11）．

図2.11　Y－Δ結線

・二次側の線間電圧は一次側の線間電圧より $\pi/6$〔rad〕（30°）遅れ位相になる．

・三次高調波の影響がなく波形の歪を少なくできる．

・中性点の接地ができる．

・変電所の降圧用変圧器として利用．

> **！Point**
> 一次側と二次側とで対応する相同士（コイル同士）の位相のずれはほとんどありません（厳密には漏れインダクタンス等の影響でほんの少しずれます）．

(4)　Y－Y結線

　一次側を Y 結線，二次側を Y 結線とする方式です（図2.12）．

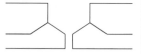

図2.12　Y－Y結線

・一次側と二次側に位相差がない．

・三次高調波による波形の歪が発生．

・中性点の接地ができる．

・接地の方法によっては通信線路への誘導障害が発生．

(5)　Y－Y－Δ結線

　一次側を Y 結線，二次側を Y 結線と三次巻線を利用した Δ 結線としたものです（図2.13）．Y－Y－Δ という表現ですが，Y 結線が Y 結線と Δ 結線の中間に位置しているわけではありません．

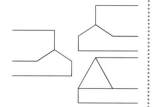

図2.13　Y－Y－Δ結線

・一次側と二次側に位相差がない．

・三次高調波による波形の歪を少なくできる．

・中性点の接地ができる．

・接地の方法によっては通信線路への誘導障害が発生．

・三次巻線（Δ 結線）を所内電源用に利用．

・高電圧大容量変電所として利用．

(6)　V－V結線

　Δ－Δ 結線の一相を欠いたものと考えて下さい（図2.14）．特性は Δ－Δ 結線とほぼ同じです．省スペースなどの利点から柱上変圧器としてよく利用されています．バンク容量（変圧器のかたまり．こ

図2.14　V－V結線

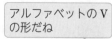
アルファベットの V の形だね

の場合は V 結線された変圧器全体の容量）は，変圧器1台の容量の $\sqrt{3}$ 倍となります．変圧器1台の容量を P とすると変圧器2台分の容量は $2P$ となりますが，V 結線の場合は $\sqrt{3}P$ となります．この容量の比率を利用率といいます．

$$利用率 = \frac{\sqrt{3}P}{2P} = \frac{\sqrt{3}}{2} \fallingdotseq 87 〔\%〕 \quad \cdots\cdots\cdots\cdots\cdots\cdots\cdots (2.9)$$

また Δ 結線された容量 $(3P)$ と比較すると

$$\frac{V 結線の容量}{\Delta 結線の容量} = \frac{\sqrt{3}P}{3P} = \frac{\sqrt{3}}{3} = \frac{1}{\sqrt{3}}〔倍〕 \quad \cdots\cdots\cdots\cdots\cdots (2.10)$$

ということになります.

　すべての結線方法に共通の用語ですが，三相で利用するための変圧器を動力用変圧器といい，単相で利用するものを電灯用変圧器といいます．また1台で三相と単相の両方を利用するものを灯動共用変圧器といいます．V 結線ついての計算問題が国家試験問題にありますので，そちらで学習して下さい.

第2章　変電設備

● 試験の直前 ● CHECK! ━━━━━━━━━━━━━━━━━━━━━━━━━━━

□ **Δ 結線・Y 結線**≫≫ Δ 結線における三次高調波の抑制
□ **相電圧・相電流・線間電圧・線電流**≫≫ Δ 結線，Y 結線での電圧と電流の関係
□ **中性点接地方式**≫≫非接地，直接接地，抵抗接地，消弧リアクトル接地，補償リアクトル
　　接地
□ **変圧器の結線方式**≫≫ Δ − Δ，Δ − Y，Y − Δ，Y − Y，Y − Y − Δ，V − V
□ **V 結線の容量**≫≫変圧器単体の $\sqrt{3}$ 倍，Δ 結線の $1/\sqrt{3}$ 倍
□ **動力用変圧器，電灯用変圧器，灯動共用変圧器**

国家試験問題

問題 1

　一般に，三相送配電線に接続される変圧器は Δ − Y 又は Y − Δ 結線されることが多く，Y 結線の中性点は接地インピーダンス Z_n で接地される．この接地インピーダンス Z_n の大きさや種類によって種々の接地方式がある．中性点の接地方式に関する記述として，誤っているのは次のうちどれか.

(1)　中性点接地の主な目的は，1線地絡などの故障に起因する異常電圧（過電圧）の発生を抑制したり，地絡電流を抑制して故障の拡大や被害の軽減を図ることである．中性点接地インピーダンスの選定には，故障点のアーク消弧作用，地絡リレーの確実な動作などを勘案する必要がある.

(2)　非接地方式 $(Z_n → \infty)$ では，1線地絡時の健全相電圧上昇倍率は大きいが，地絡電流の抑制効果が大きいのがその特徴である．わが国では，一般の需要家に供給する $6.6\,\mathrm{kV}$ 配電系統においてこの方式が広く採用されている.

(3)　直接接地方式 $(Z_n → 0)$ では，故障時の異常電圧（過電圧）倍率が小さいため，わが国では，187 kV 以上の超高圧系統に広く採用されている．一方，この方式は接地が簡単なため，わが国の

77 kV 以下の下位系統でもしばしば採用されている.

(4)　消弧リアクトル接地方式は，送電線の対地静電容量と並列共振するように設定されたリアクトルで接地する方式で，1 線地絡時の故障電流はほとんど零に抑制される. このため，遮断器によらなくても地絡故障が自然消滅する. しかし，調整が煩雑なため近年この方式の新たな採用は多くない.

(5)　抵抗接地方式($Z_n =$ ある適切な抵抗値 R〔Ω〕)は，わが国では主として 154 kV 以下の送電系統に採用されており，中性点抵抗により地絡電流を抑制して，地絡時の通信線への誘導電圧抑制に大きな効果がある. しかし，地絡リレーの検出機能が低下するため，何らかの対応策を必要とする場合もある.

《H22-8》

解説

本文 2・2・2 項「中性点接地方式」の説明を参考にして下さい.

問題2

図のように，単相の変圧器 3 台を一次側，二次側ともに Δ 結線し，三相対称電源とみなせる配電系統に接続した. 変圧器の一次側の定格電圧は 6 600 V，二次側の定格電圧は 210 V である. 二次側に三相平衡負荷を接続したときに，一次側の線電流 20 A，二次側の線間電圧 200 V であった. 負荷に供給されている電力〔kW〕として，最も近いものを次の(1)～(5)のうちから一つ選べ. ただし，負荷の力率は 0.8 とする. なお，変圧器は理想変圧器とみなすことができ，線路のインピーダンスは無視することができる.

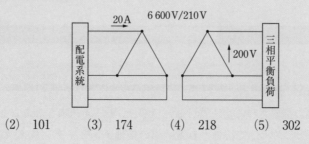

(1)　58　　　(2)　101　　　(3)　174　　　(4)　218　　　(5)　302

《H30-8》

解説

一次側の定格電圧が 6 600 V，二次側の定格電圧が 210 V ですから巻線比は 6 600：210 です. 本文の式(2.1)を変形して一次側の相電圧 V_1 を求めると，

$$V_2 = \frac{n_2}{n_1} V_1 \quad より，\quad V_1 = \frac{n_1}{n_2} V_2 = \frac{6\,600}{210} \times 200$$

負荷電力 P は次式で計算されます.

$$P = \sqrt{3}\, V_1 I_1 \cos\theta$$

I_1 は一次側の電流，$\cos\theta$ は力率です. よって負荷に供給されている電力は

$$\sqrt{3} \times \left(\frac{6\,600}{210} \times 200\right) \times 20 \times 0.8 ≒ 174 \times 10^3 \,〔W〕= 174\,〔kW〕$$

一次側の電流を二次側の電流 I_2 に換算して，$P=\sqrt{3}\,V_2 I_2 \cos\theta$ として計算してもかまいません．この場合は次のようになります．

$$\sqrt{3}\times 200\times\left(\frac{6\,600}{210}\times 20\right)\times 0.8\fallingdotseq 174\ (\text{kW})$$

問題3

大容量発電所の主変圧器の結線を一次側三角形，二次側星形とするのは，二次側の線間電圧は相電圧の　(ア)　倍，線電流は相電流の　(イ)　倍であるため，変圧比を大きくすることができ，　(ウ)　に適するからである．また，一次側の結線が三角形であるから，　(エ)　電流は巻線内を還流するので二次側への影響がなくなるため，通信障害を抑制できる．

一次側を三角形，二次側を星形に接続した主変圧器の一次電圧と二次電圧の位相差は，　(オ)　(rad) である．

上記の記述中の空白箇所(ア)，(イ)，(ウ)，(エ)及び(オ)に当てはまる語句，式又は数値として，正しいものを組み合わせたのは次のうちどれか．

	(ア)	(イ)	(ウ)	(エ)	(オ)
(1)	$\sqrt{3}$	1	昇圧	第3調波	$\dfrac{\pi}{6}$
(2)	$\dfrac{1}{\sqrt{3}}$	$\sqrt{3}$	降圧	零相	0
(3)	$\sqrt{3}$	$\dfrac{1}{\sqrt{3}}$	昇圧	高周波	$\dfrac{\pi}{3}$
(4)	$\sqrt{3}$	$\dfrac{1}{\sqrt{3}}$	降圧	零相	$\dfrac{\pi}{3}$
(5)	$\dfrac{1}{\sqrt{3}}$	1	昇圧	第3調波	0

《H22-7》

解説

本文 2·2·3 項「変圧器の結線方式」の説明を参考にして下さい．

問題4

次の文章は，変圧器の Y－Y 結線方式の特徴に関する記述である．

一般に，変圧器の Y－Y 結線は，一次，二次側の中性点を接地でき，1線地絡などの故障に伴い発生する　(ア)　の抑制，電線路及び機器の絶縁レベルの低減，地絡故障時の　(イ)　の確実な動作による電線路や機器の保護等，多くの利点がある．

一方，相電圧は　(ウ)　を含むひずみ波形となるため，中性点を接地すると，　(ウ)　電流が線路の静電容量を介して大地に流れることから，通信線への　(エ)　障害の原因となる等の欠点がある．このため，　(オ)　による三次巻線を設けて，これらの欠点を解消する必要がある．

上記の記述中の空白箇所(ア)，(イ)，(ウ)，(エ)および(オ)に当てはまる組合せとして，正しいものを次の(1)～(5)のうちから一つ選べ．

	（ア）	（イ）	（ウ）	（エ）	（オ）
(1)	異常電流	避雷器	第二調波	静電誘導	Δ 結線
(2)	異常電圧	保護リレー	第三調波	電磁誘導	Y 結線
(3)	異常電圧	保護リレー	第三調波	電磁誘導	Δ 結線
(4)	異常電圧	避雷器	第三調波	電磁誘導	Δ 結線
(5)	異常電流	保護リレー	第二調波	静電誘導	Y 結線

《H29-7》

解説

　本文の解説で解答が得られます．問題文の最後で三次巻線を設けるという部分は，Y－Y－Δ の接続方式の内容となります．

問題5

　変圧器の結線方式として用いられる Y－Y－Δ 結線に関する記述として，誤っているものを次の(1)～(5)のうちから一つ選べ．

(1)　高電圧大容量変電所の主変圧器の結線として広く用いられている．

(2)　一次若しくは二次の巻線の中性点を接地することができない．

(3)　一次－二次間の位相変位がないため，一次－二次間を同位相とする必要がある場合に用いる．

(4)　Δ 結線がないと，誘導起電力は励磁電流による第三調波成分を含むひずみ波形となる．

(5)　Δ 結線は，三次回路として用いられ，調相設備の接続用，又は，所内電源用として使用することができる．

《H25-6》

解説

　一次巻線と二次巻線が Y 結線，三次巻線を Δ 結線として利用するわけですから，解答は明白です．

問題6

　変圧器の V 結線方式に関する記述として，誤っているものを次の(1)～(5)のうちから一つ選べ．

(1)　単相変圧器2台で三相が得られる．

(2)　同一の変圧器2台を使用して三相平衡負荷に供給している場合，Δ 結線変圧器と比較して，出力は $\dfrac{\sqrt{3}}{2}$ 倍となる．

(3)　同一の変圧器2台を使用して三相平衡負荷に供給している場合，変圧器の利用率は $\dfrac{\sqrt{3}}{2}$ 倍となる．

(4)　電灯動力共用方式の場合，共用変圧器には電灯と動力の電流が加わって流れるため，一般に動力専用変圧器の容量と比較して共用変圧器の容量の方が大きい．

(5)　単相変圧器を用いた Δ 結線方式と比較して，変圧器の電柱への設置が簡素化できる．

《H30-12》

解説

本文 2・2・3 項「変圧器の結線方式」の説明を参考にして下さい.

問題 7

　図のように，2 台の単相変圧器による電灯動力共用の三相 4 線式低圧配電線に，平衡三相負荷 45 kW（遅れ力率角 30°）1 個及び単相負荷 10 kW（力率 = 1）2 個が接続されている. これに供給するための共用変圧器及び専用変圧器の容量の値〔kVA〕は，それぞれいくら以上でなければならないか. 値の組合せとして，正しいものを次の(1)〜(5)のうちから一つ選べ.

ただし，相回転は a′ − c′ − b′ とする.

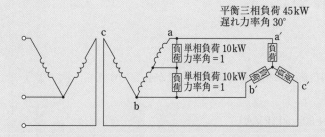

平衡三相負荷 45kW
遅れ力率角 30°

単相負荷 10kW
力率角 = 1

単相負荷 10kW
力率角 = 1

	共用変圧器の容量	専用変圧器の容量
(1)	20	30
(2)	30	20
(3)	40	20
(4)	20	40
(5)	50	30

《H26-12》

解説

　三相 4 線式というのは三相変圧器から線が 4 本出ているということです. この手の問題ではよく電流や電圧のベクトル解析から説明が始まりますが，ただ計算を進めるだけであればその考察は特に必要ありません. 下図を使って説明をしていきます.

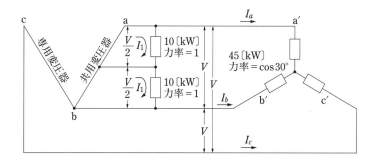

(p.67〜68 の解答) **問題 4** ▶→(3) **問題 5** ▶→(2) **問題 6** ▶→(2)

　まず三相負荷について考えます．線間電圧を V，線電流の一つ I_c（三相負荷は平衡ですから $I_a=I_b=I_c$）を使うと

$$\sqrt{3}\,I_c V \cos 30°=45 \,〔\mathrm{kW}〕$$

となりますから，この式を変形して

$$I_c V=\frac{45}{\sqrt{3}\cos 30°}=\frac{45}{\sqrt{3}\times\dfrac{\sqrt{3}}{2}}=30 \,〔\mathrm{kVA}〕$$

これが専用変圧器の容量ということになります．

　次に単相負荷について考えます．単相を流れる電流を I_1 とすると

$$I_1\times\frac{V}{2}+I_1\times\frac{V}{2}=2\times10 \,〔\mathrm{kW}〕$$

　よって

$$I_1 V=20 \,〔\mathrm{kVA}〕$$

　共用変圧器は，三相負荷と単相負荷の両方の容量が必要ですから，次のように計算されます．

$$I_1 V+I_a V=20+30=50 \,〔\mathrm{kVA}〕$$

2・3 変圧器の並行運転と短絡電流 　重要知識

● 出題項目 ● CHECK!

- ☐ 並行運転の条件
- ☐ 負荷分担
- ☐ ％インピーダンス
- ☐ 短絡電流

2・3・1　並行運転の条件

並行運転とは，2台以上の変圧器を並列に接続して運転することです．これには次のような条件が必要です．図2.15は変圧器2台の並行運転のイメージです．

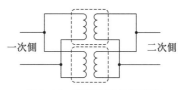

図2.15　変圧器の並行運転

① 変圧器の一次側と二次側の電圧の極性が一致していること．

② 三相の場合，一次側の線間電圧に対して二次側の線間電圧の位相のずれ（角変位）が一致していること．

③ 三相の場合，一次側と二次側のそれぞれ三つの相の順番（相順）が一致していること．

④ 変圧器の巻数比が等しいこと（変圧比が等しい）．

⑤ 定格容量基準の％インピーダンスが等しいこと．

ここで再確認
一次側は電源側，二次側は負荷側だよ．

2・3・2　負荷分担

変圧器を並列にして負荷を接続した場合に，それぞれの変圧器にどれだけの負荷がかかっているかというのが負荷分担です．図2.16は図2.15を系統図として表現したものです．

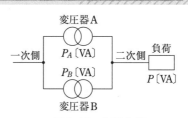

図2.16　負荷分担

負荷の容量を P〔VA〕，変圧器 A の定格容量と％インピーダンスを P_A〔VA〕，% Z_A，変圧器 B の定格容量と％インピーダンスを P_B〔VA〕，% Z_B としたとき，変圧器 A の負荷分担 P_{AL}〔VA〕，および変圧器 B の負荷分担 P_{BL}〔VA〕は次式で計算できます．

％インピーダンスは次のページの説明を見てね．

$$P_{AL}=P\times\frac{\dfrac{P_A}{\%Z_A}}{\dfrac{P_A}{\%Z_A}+\dfrac{P_B}{\%Z_B}}\text{〔VA〕}\qquad P_{BL}=P\times\frac{\dfrac{P_B}{\%Z_B}}{\dfrac{P_A}{\%Z_A}+\dfrac{P_B}{\%Z_B}}\text{〔VA〕}$$

(2.11)

また，％インピーダンスが基準容量に対する値の場合は次式となります.

$$P_{AL}=P\times\frac{\%Z_B}{\%Z_A+\%Z_B}\text{〔VA〕},\quad P_{AL}=P\times\frac{\%Z_A}{\%Z_A+\%Z_B}\text{〔VA〕}\qquad(2.12)$$

％インピーダンスと基準容量についてはこの後の説明を参照して下さい.

並列接続された抵抗器のイメージだよ.

2・3・3 ％インピーダンス

図2.17は変圧器の二次側の等価回路です. 線間電圧を V〔V〕として回路に定格電流 I〔A〕を流した場合, 変圧器の巻線のインピーダンス Z〔Ω〕による電圧降下 IZ〔V〕と定格相電圧の比を百分率で表したものを％インピーダンス（％ Z〔%〕）といいます.

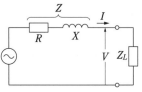

図2.17　変圧器の等価回路

％インピーダンスの部分の読み方は, パーセントか百分率だよ.

単相の場合は, 線間電圧＝相電圧となり次式となります.

$$\%Z=\frac{IZ}{V}\times100=\frac{IZ}{V}\times\frac{V}{V}\times100=\frac{IVZ}{V^2}\times100$$

$$=\frac{PZ}{V^2}\times100\text{〔%〕}\quad\cdots\cdots\cdots\cdots\cdots\cdots(2.13)$$

三相の場合は, 図2.17を一相分の等価回路と考えます. Y結線だと線間電圧＝$\sqrt{3}\times$相電圧ですから

$$\%Z=\frac{IZ}{\dfrac{V}{\sqrt{3}}}\times100=\frac{\sqrt{3}\,IZ}{V}\times\frac{V}{V}\times100=\frac{\sqrt{3}\,IVZ}{V^2}\times100$$

$$=\frac{PZ}{V^2}\times100\text{〔%〕}\quad\cdots\cdots\cdots\cdots\cdots\cdots(2.14)$$

となります. Δ結線では線電流＝$\sqrt{3}\times$相電流ですから, 結局のところ式(2.14)と同じになります. どちらの式も P〔VA〕は変圧器の定格容量です.

％インピーダンスは変圧器毎にまちまちですが, 複数台利用する場合は, 基準容量に変換して計算に利用するのが一般的です. 変圧器単体の定格容量を P〔VA〕, ％インピーダンスを％Z, 基準容量を P_{BASE}〔VA〕とすると, 変換後の％インピーダンス（％Z_{BASE}）は

$$\%Z_{BASE}=\frac{P_{BASE}}{P}\times\%Z\quad\cdots\cdots\cdots\cdots\cdots\cdots(2.15)$$

として計算できます.

たとえば，図2.18のように変圧器の容量と％インピーダンスが50〔MVA〕で2％のものと，100〔MVA〕で3％のものの2台があったとします．これを直列につないだ場合を考えてみます．100〔MVA〕の変圧器を基準として変換するとすれば，50〔MVA〕の％インピーダンスは

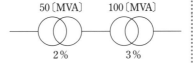

図2.18 変圧器の直列接続

$$\frac{100}{50} \times 2 = 4\%$$

2台の変圧器の直列％インピーダンスは，100〔MVA〕基準で

$$4 + 3 = 7\%$$

となります．また図2.19のように並列にした場合は，抵抗の並列計算のように，次のようになります．

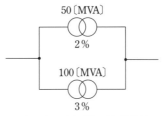

図2.19 変圧器の並列接続

$$\frac{1}{\frac{1}{4} + \frac{1}{3}} = \frac{12}{7} ≒ 1.7\%$$

並行運転の条件として「定格容量基準の％インピーダンスが等しいこと」とありますが，この計算では定格容量を100〔MVA〕として計算を進めたことになります(ここでの計算例では％インピーダンスが等しくありません)．わが国では，10〔MVA〕を基準として％インピーダンスが設定されています．この基準で系統図にデータが書き込まれたものをインピーダンスマップといいます．

2・3・4 短絡電流

負荷を短絡(変圧器の二次側の線路上を短絡)してZに対して定格相電圧Vを与えます(図2.20)．このときの電流を短絡電流(I_S〔A〕)といい次式で計算できます．

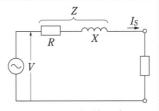

図2.20 短絡電流

国家試験問題で式の使い方を学んでね．

$$I_S = \frac{V}{Z} \text{〔A〕} \quad \cdots\cdots\cdots\cdots\cdots (2.16)$$

式2.13と式2.16より

$$\%Z = \frac{IZ}{V} \times 100 = \frac{I}{\frac{V}{Z}} \times 100 = \frac{I}{I_S} \times 100 \text{〔\%〕} \quad \cdots\cdots\cdots\cdots (2.17)$$

式(2.17)は次のようにも変形できます.

$$\%Z = \frac{I \times V}{I_s \times V} \times 100 = \frac{P}{P_s} \times 100 \ (\%) \quad \cdots\cdots\cdots\cdots\cdots\cdots (2.18)$$

この P_s を短絡容量といいます. ％インピーダンスの説明と同様に単相にも三相にも適用できます.

!Point

　電力科目を受験される方々が最も苦手とされるのが％インピーダンスに絡む出題ではないかと思います. 将来, より上級国家試験を目指される方は, PU (Per Unit)法という計算手法にもつながる大変重要な項目です. 国家試験では, Y結線による三相送電が前提で出題されています. ％インピーダンスの利用には, 基準容量を変圧器の容量で割った値を掛けてから使うことと, 線間電圧が相電圧の $\sqrt{3}$ 倍になっていることを絶対に忘れないで下さい.

● 試験の直前 ● CHECK!

☐ **変圧器の並行運転の条件** ≫≫ 極性, 角変位, 相順, ％インピーダンスの一致
☐ **変圧器の負荷分担** ≫≫ 基準容量に対する％インピーダンスに逆比例
☐ **％インピーダンス** ≫≫

$$\%Z = \frac{IZ}{\frac{V}{\sqrt{3}}} \times 100 = \frac{\sqrt{3}IZ}{V} \times \frac{V}{V} \times 100 = \frac{\sqrt{3}IVZ}{V^2} \times 100 = \frac{PZ}{V^2} \times 100 \ (\%)$$

☐ **短絡電流** ≫≫

$$I_s = \frac{V}{Z}$$

$$\%Z = \frac{IZ}{V} \times 100 = \frac{I}{\frac{V}{Z}} \times 100 = \frac{I}{I_s} \times 100 \ (\%)$$

☐ **短絡容量** ≫≫

$$\%Z = \frac{P}{P_s} \times 100 \ (\%)$$

☐ **定格容量基準での％インピーダンスの計算**

国家試験問題

問題1

　一次電圧 66〔kV〕，二次電圧 6.6〔kV〕，容量 80〔MV-A〕の三相変圧器がある．一次側に換算した誘導性リアクタンスの値が 4.5〔Ω〕のとき，百分率リアクタンスの値〔%〕として，最も近いのは次のうちどれか．

　　(1)　2.8　(2)　4.8　(3)　8.3　(4)　14.3　(5)　24.8

《H20-8》

解説

　百分率リアクタンス（%リアクタンス）の問題ですが，%インピーダンスの式がそのまま使えます．本文の式(2.14)のインピーダンス Z をリアクタンス X に置き換えるだけです．

インピーダンスもリアクタンスも計算方法は同じなんだね．

$$\%X=\frac{PX}{V^2}\times100=\frac{80\times10^6\times4.5}{(6.6\times10^3)^2}\times100≒8.3\,〔\%〕$$

問題2

　定格容量 80〔MV・A〕，一次側定格電圧 33〔kV〕，二次側定格電圧 11〔kV〕，百分率インピーダンス 18.3〔%〕（定格容量ベース）の三相変圧器 T_A がある．三相変圧器 T_A の一次側は 33〔kV〕の電源に接続され，二次側は負荷のみが接続されている．電源の百分率内部インピーダンスは，1.5〔%〕（系統基準容量 80〔MV・A〕ベース）とする．なお，抵抗分及びその他の定数は無視する．次の(a)及び(b)に答えよ．

(a)　将来の負荷変動等は考えないものとすると，変圧器 T_A の二次側に設置する遮断器の定格遮断電流の値〔kA〕として，最も適切なものは次のうちどれか．

　　(1)　5　(2)　8　(3)　12.5　(4)　20　(5)　25

(b)　定格容量 50〔MV・A〕，百分率インピーダンスが 12.0〔%〕の三相変圧器 T_B を三相変圧器 T_A と並列に接続した．40〔MW〕の負荷をかけて運転した場合，三相変圧器 T_A の負荷分担〔MW〕の値として，正しいのは次のうちどれか．ただし，三相変圧器群 T_A と T_B にはこの負荷のみが接続されているものとし，抵抗分及びその他の定数は無視する．

　　(1)　15.8　(2)　19.5　(3)　20.5　(4)　24.2　(5)　24.6

《H22-16》

解説

(a)　遮断器の遮断電流，つまり短絡電流を求める問題です．問題を図解すると次のようになります．

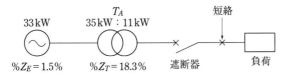

まず，％インピーダンス（％Z）ですが，80〔MVA〕基準で統一されていますから，

$$\%Z = 1.5 + 18.3 = 19.8\%$$

三相短絡容量 P_S〔VA〕は

$$\%Z = \frac{80}{P_s} \times 100 \ \text{より，} \ P_s = \frac{80}{\%Z} \times 100 = \frac{80}{19.8} \times 100 ≒ 404 \ \text{〔MVA〕} = 404 \times 10^6 \ \text{〔VA〕}$$

三相短絡電流 I_s〔A〕は

$$P_s = \sqrt{3} V I_S \ \text{より} \ I_S = \frac{P_s}{\sqrt{3} V} = \frac{404 \times 10^6}{\sqrt{3} \times 11 \times 10^3} ≒ 21.2 \times 10^3 = 21.2 \ \text{〔kA〕}$$

遮断器は，この直近上位のものを選定すればよいことになります．

％Zの直列つなぎは
たせばよいんだね．

(b)　題意は下図のようになります．

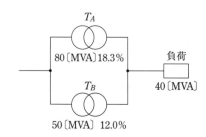

T_Bの％インピーダンスを基準容量 80〔MVA〕に変換したものを％ Z_B とすると，

$$\%Z_B = \frac{80}{50} \times 12.0 = 19.2 \ \text{〔%〕}$$

T_A の％インピーダンスを％ Z_A，負荷の容量を P とすると，T_A の負荷分担 P_A は

$$P_A = P \times \frac{\%Z_B}{\%Z_A + \%Z_B} \text{[VA]} = 40 \times \frac{19.2}{18.3 + 19.2} ≒ 20.5 \ \text{〔MW〕}$$

問題3

　変電所に設置された一次電圧 66 kV，二次電圧 22 kV，容量 50 MV・A の三相変圧器に，22 kV の無負荷の線路が接続されている．その線路が，変電所から負荷側 500 m の地点で三相短絡を生じた．

　三相変圧器の結線は，一次側と二次側が Y－Y 結線となっている．

　ただし，一次側からみた変圧器の一相当たりの抵抗は 0.018 Ω，リアクタンスは 8.73 Ω，故障が発生した線路の1線当たりのインピーダンスは (0.20+j0.48)〔Ω/km〕とし，変圧器一次電圧側の線路インピーダンス及びその他の値は無視するものとする．次の(a)及び(b)の問に答えよ．

(a) 短絡電流〔kA〕の値として，最も近いものを次の(1)～(5)のうちから一つ選べ．

(1) 0.83   (2) 1.30   (3) 1.42   (4) 4.00   (5) 10.5

(b) 短絡前に，22 kV に保たれていた三相変圧器の母線の線間電圧は，三相短絡故障したとき，何〔kV〕に低下するか．電圧〔kV〕の値として，最も近いものを次の(1)～(5)のうちから一つ選べ．

(1) 2.72   (2) 4.71   (3) 10.1   (4) 14.2   (5) 17.3

《H23-16》

第2章 変電設備

解 説

(a)題意は下図の様になると考えられます．

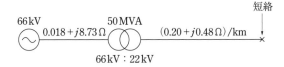

変圧器一次側のインピーダンスを二次側に変換します．変圧器の一次側と二次側の電圧比は巻線比と同じと考えて，本文の式(2.5)を適用して

$$(0.018+j8.73)\times\left(\frac{22}{66}\right)^2=0.002+j0.97 〔Ω〕$$

変電所，つまり変圧器から短絡点までは 500 m ですから線路のインピーダンスは

$$(0.20+j0.48)\times 0.5=0.10+j0.24 〔Ω〕$$

よって，変圧器二次側から短絡点までのインピーダンスは

$$(0.002+0.10)+j(0.97+0.24)=0.102+j1.21 〔Ω〕$$

となり，その大きさは

$$\sqrt{0.102^2+1.21^2}≒1.214 〔Ω〕$$

変圧器二次側は Y 結線で 22 kV は線間電圧ですから

$$I_S=\frac{V}{Z}=\frac{\frac{22\times10^3}{\sqrt{3}}}{1.214}≒10.46\times10^3≒10.5 〔kA〕$$

(b)短絡時の線路のインピーダンスの大きさは

$$\sqrt{0.10^2+0.24^2}=0.26 〔Ω〕$$

相電圧は線路のインピーダンスで発生する電圧として計算されますから

$$V=I_S Z=(10.46\times10^3)\times0.26≒2.72\times10^3 〔V〕$$

よって線間電圧は

$$\sqrt{3}\times(2.72\times10^3)≒4.71\times10^3=4.71 〔kV〕$$

実数と虚数をそれぞれひとまとめにしてね．

三平方の定理で大きさを計算．

途中経過の数値の丸め方によっては，最終解答が4.72〔kV〕や4.73〔kV〕になるかもしれませんが，小数点以下1桁までで解答を選択すれば問題ありません．

図のような交流三相3線式の系統がある．各系統の基準容量と基準容量をベースにした百分率インピーダンスが図に示された値であるとき，次の(a)及び(b)に答えよ．

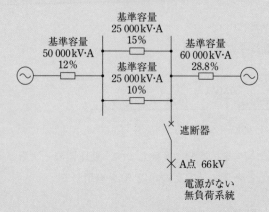

(a) 系統全体の基準容量を 50 000 kV・A に統一した場合，遮断器の設置場所からみた合成百分率インピーダンス〔%〕の値として，正しいのは次のうちどれか．

　(1)　4.8　　　(2)　12　　　(3)　22　　　(4)　30　　　(5)　48

(b) 遮断器の投入後，A点で三相短絡事故が発生した．三相短絡電流〔A〕の値として，最も近いのは次のうちどれか．

　　ただし，線間電圧は66 kVとし，遮断器からA点までのインピーダンスは無視するものとする．

　(1)　842　　　(2)　911　　　(3)　1 458　　　(4)　2 104　　　(5)　3 645

《H21-16》

(a) まずは，基準容量で%インピーダンスの値を変換していきます．

各変圧器の容量〔kVA〕と %インピーダンス〔%〕	50 000 kVA に統一した場合の%インピーダンス
50 000 kVA 12%	$\dfrac{50\,000}{50\,000} \times 12 = 12\%$
25 000 kVA 15%	$\dfrac{50\,000}{25\,000} \times 15 = 30\%$
25 000 kVA 10%	$\dfrac{50\,000}{25\,000} \times 10 = 20\%$
60 000 kVA 28.8%	$\dfrac{50\,000}{60\,000} \times 28.8 = 24\%$

抵抗値の計算の要領だね．

　以上より，$50\,000\,\mathrm{kVA}$ 基準のインピーダンスマップは，図 A のようになります．遮断器より左側の合成％インピーダンスは

$$12+\cfrac{1}{\cfrac{1}{30}+\cfrac{1}{20}}=24\%$$

この部分は図 B のように，遮断器より右側の部分と並列になっていると考えられます．よって全体の合成インピーダンスは次式のとおりです（図 C）.

$$\cfrac{1}{\cfrac{1}{24}+\cfrac{1}{24}}=12\%$$

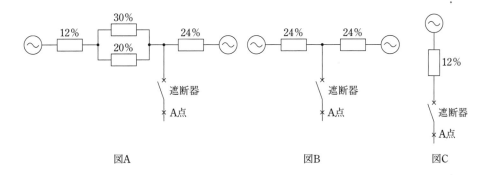

図A　　　　　　　　　　　　図B　　　　　　図C

(b)　三相短絡容量は $\sqrt{3}\,VI_S$ となりますから

$$\%Z=\frac{P}{\sqrt{3}\,VI_S}\times100\,\text{〔\%〕}\qquad\Leftrightarrow\qquad I_S=\frac{P}{\sqrt{3}\,V}\times\frac{100}{\%Z}$$

この場合，基準容量の $50\,000\,\mathrm{kVA}$ が定格容量と考えられますから

$$I_S=\frac{50\,000\times10^3}{\sqrt{3}\times(66\times10^3)}\times\frac{100}{12}=3644.8\,\text{〔A〕}$$

第 3 章　架空送電

3・1　架空送電線の構成 ························ 82

3・2　障害対策 ································ 86

3・1 架空送電線の構成

● 出題項目 ● CHECK!

☐ 支持物
☐ 電線
☐ がいし
☐ アーマロッド

3・1・1 支持物

支持物とは電線を架ける構造物のことです．鉄塔，鉄柱，鉄筋コンクリート柱，木柱などです．まずは，鉄塔に関する構成物から解説を進めていきます．鉄塔の構成物について，大まかに図 3.1 にまとめてみました．

構成物の名称を覚えていれば大丈夫.

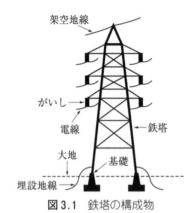

図 3.1　鉄塔の構成物

3・1・2 電線

鉄塔に架かる電線のうち，試験によく出る代表的なものについて解説します．

(1) 硬銅より線 （HDCC：Hard Drawn Copper Conductor）

硬銅線を各層でより合わせた構造になっています．各層のよりの向きは図3.2のように互い違いになっています．鉄塔での架線は，周囲に樹木などの接触物がないため表面の絶縁するための被覆は必要がありませんので裸電線となります．

より線を漢字で書くと撚り線だよ．曲げに強いんだね.

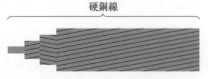

図 3.2　HDCC

(2)　鋼心アルミより線　（ACSR；Aluminum Conductor Steel Reinforced）

図 3.3 に ACSR の構成図を示します．中心部は亜鉛メッキ鋼線でその周り
を硬アルミ線で覆っている構造です．中心部の鋼線は張力に対する補強です．

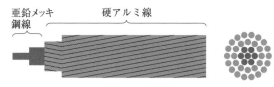

亜鉛メッキ
鋼線　　　硬アルミ線

図 3.3　ACSR

より方は HDCC と同様です．アルミの導電率は銅の約 6 割ですが比重が約
3 割と軽量のためよく利用されています．鋼心をアルミめっきとしたもの
（ACSR/AC：ACSR/Aluminum Clad）やアルミ線の部分に微量のジルコニウ
ムを添加して耐熱性を高めたもの（TACSR : Thermal resistant ACSR）などの
電線もあります．

3・1・3　がいし

鉄塔や電柱などの支持物と電線との間を絶縁するために利用される器具をが
いしといいます．本体の素材は磁器でその方端あるいは両端に金属製の金具が
装着されています（ガラスや合成樹脂のものもあります）．内部は中実（中身が
詰まっている状態）で両側の金具は独立しています．表面に塩分やほこりが付
着すると絶縁性能が劣化しますので，それを少しでも抑えるために距離を延ば
す工夫としてひだの付いた形状となっているものが多いです．代表的なものを
表 3.1 にまとめておきます．また図 3.4 に参考図を示します．

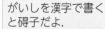

がいしを漢字で書く
と碍子だよ.

表 3.1　がいしの特徴

種　類	構　造　と　用　途
懸垂がいし	磁器の笠の両端に連結金具を装着したもので，複数個を連結して電線の**絶縁支持**をします．図 3.4(a) の形では，ピンをキャップの切り欠きに挿入することで連結できます．
長幹がいし	笠付きの磁器の棒の両端に連結金具を装着したもので，複数個を連結して電線の**絶縁支持**をします(b)．
ピンがいし	磁器の棒の一端に固定用金具を装着したもので，金具と逆の側の溝に電線をバインド線で**固定支持**します(c)．
ラインポストがいし	笠付きの磁器の棒の一端に固定用金具を装着したもので，単独で電線の**固定支持**をします．ピンがいしと同様です(d)．
ステーションポストがいし	ひだ付きの磁器の棒の両端に連結金具を装着したもので，単独あるいは連結して電線の**固定支持**をします(e)．

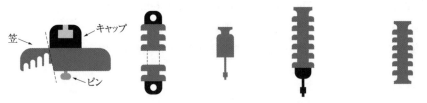

（a）懸垂がいし　（b）長幹がいし　（c）ピンがいし　（d）ラインポストがいし　（e）ステーションポストがいし

図 3.4　がいし

3·1·4　アーマロッド

　電線の固定箇所で振動やアークによる電線の損傷を防止するための仕掛けがアーマロッドです．電線と同じ素材の金属線を巻き付けて固定部分周辺を補強します（図 3.5）．

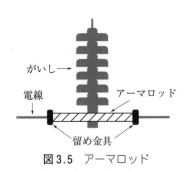

図 3.5　アーマロッド

> アーマーロッドと表記している文献もあるよ．アーマー（armor）は鎧（よろい）のことだね．

● 試験の直前 ● CHECK!

□ **支持物**≫≫鉄塔，鉄柱，鉄筋コンクリート柱，木柱
□ **電線の概要**≫≫HDCC，ACSR
□ **がいし**≫≫懸垂がいし，長幹がいし，ピンがいし，ラインポストがいし，ステーションポストがいし
□ **アーマロッド**

問題1

架空送電線路の構成要素に関する記述として，誤っているものを次の(1)～(5)のうちから一つ選べ．

(1) 鋼心アルミより線（ACSR）：中心に亜鉛メッキ鋼より線を配置し，その周囲に硬アルミ線を同心円状により合わせた電線．

(2) アーマロッド：クランプ部における電線の振動疲労防止対策及び溶断防止対策として用いられる装置．

(3) ダンパ：微風振動に起因する電線の疲労，損傷を防止する目的で設置される装置．

(4) スペーサ：多導体方式において，負荷電流による電磁吸引力や強風などによる電線相互の接近・衝突を防止するために用いられる装置．

(5) 懸垂がいし：電圧階級に応じて複数個を連結して使用するもので，棒状の絶縁物の両側に連結用金具を接着した装置．

《H25-8》

解説

(5)の説明ですが，懸垂がいしは本文中にもあるとおり，複数個を連結することができる構造になっているものがありますが，棒状ではありません．棒状で両側に連結用金具を装着したものは長幹がいしやステーションポストがいしです．

第3章 架空送電

3·2 障害対策

出題項目 ● CHECK!

- ☐ 雷害
- ☐ 誘導障害
- ☐ コロナ放電
- ☐ 塩害
- ☐ 振動

3·2·1 雷害

鉄塔等に落雷があった場合の対策について解説します.

(1) 架空地線(グランドワイヤ)

架空電線を雷から保護するための金属線が架空地線です.図3.6の θ を遮へい角といいます.この角度が小さいほど電線の雷撃からの保護が効果的となります.通常は40°程度以内のようですが,架空地線を2条にして15°程度に抑えているものもあります.

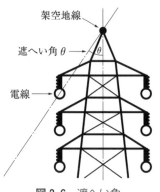

図3.6　遮へい角

また,地絡事故時に地絡電流の一部が架空地線をながれることによって誘導障害が軽減されます.さらに電線との電磁結合によって電線上の進行波を減衰させる効果もあります.地線に利用されるものには,亜鉛めっき鋼より線(GS:Galvanized Steel),アルミ覆鋼より線(AC:Aluminum Clad steel),光ファイバ複合架空地線(OPGW:Optical Ground Wire)があります.OPGWは,より線の中心に通信用の光ファイバを入れたものです.

(2) 埋設地線(カウンタポイズ)

鉄塔の接地抵抗を減らして逆フラッシオーバを防止する地線が埋設地線です(図3.1参照).2~6条程度の鉛メッキ鋼より線を深さ50 cm程度のところに放射形または平行形に30 m程度広げて埋設し,鉄塔の接地抵抗を10~20 Ω程度にまで低減します.隣の鉄塔の埋設地線を連結した連続形もあります(図3.7).

光ファイバなら電気の影響がないから架空地線に入れても問題ないね.

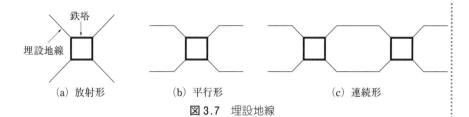

(a) 放射形　　　　(b) 平行形　　　　(c) 連続形

図3.7　埋設地線

(3)　アークホーン

　がいしの両端に取り付けられた角状あ
るいはリング状の金具をアークホーンと
いいます．アークの発弧点をアークホー
ンに移すことで，フラッシオーバによる
アーク熱によるがいしや電線の損傷を防
ぎます（図3.8）．

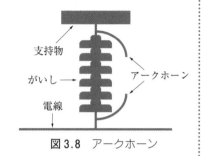

図3.8　アークホーン

　また架空地線を多条化すると電線との
結合係数（架空地線と電線との電気的結合による電位上昇の割合）が大きくな
り，アークホーン間の電圧が抑制されることから逆フラッシオーバの発生を抑
制することができます．

(4)　フラッシオーバと逆フラッシオーバ

　ここでフラッシオーバと逆フラッシオーバについて簡単に解説しておきま
す．フラッシオーバとは送電線に直撃雷があった場合等で電線に高電圧が発生
し，がいし等で絶縁破壊が生じ鉄塔に電流が流れる地絡事象のことです．逆フ
ラッシオーバとは，鉄塔に直撃雷があった場合に鉄塔の接地抵抗が高いと架空
地線や鉄塔の電位が上昇し，送電線に電流が流れてしまうことです．

(5)　不平衡絶縁方式

　2回線を並行して送電する場合，その絶縁強度に差をつける方法が不平衡絶
縁方式です．アークホーンの間隔に差を付けることで実現します．2回線同時
にフラッシオーバが発生した場合，絶縁強度の低いものに事故を吸収させても
う一方を守ることで2回線同時事故を防ぐ目的です．

3·2·2　誘導障害

　電線の電圧や電流の影響で通信線に不必要な電圧が発生して通信障害を生じ
る状況を誘導障害といいます．通信機器の故障や人体に影響の及ぶ場合もあり
ます．これには静電誘導と電磁誘導があります．

(1)　静電誘導

　電線と通信線との間には静電容量の影響で生じるものが静電誘導です（図3.
9）．通信線の静電誘導電圧 E_s は，次式となります．

雷が電線に落ちるか
鉄塔に落ちるかの違
いだね．

静電誘導は電圧に関
係してるんだね

第3章　架空送電

$$\dot{E}_s = \frac{C_a\dot{E}_a + C_b\dot{E}_b + C_c\dot{E}_c}{C_a + C_b + C_c + C_s} \text{〔V〕}$$

$$\cdots\cdots\cdots\cdots\cdots\cdots\cdots (3.1)$$

C_a, C_b, C_c：各線と通信線との間の静
　　　　　電容量〔F〕

C_s：通信線の対地静電容量〔F〕

$\dot{E}_a, \dot{E}_b, \dot{E}_c$：各線の電圧〔V〕

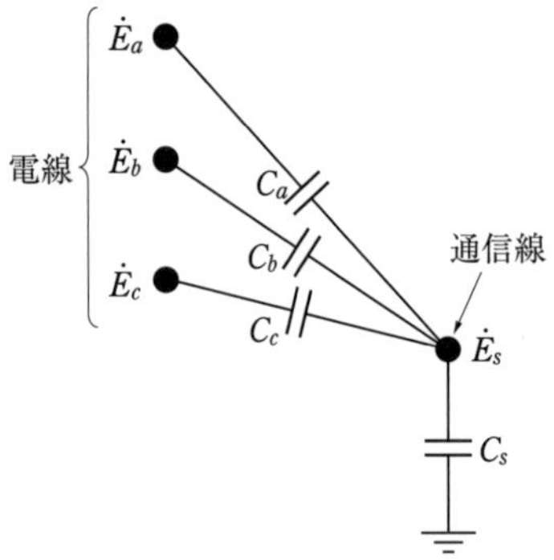

(2)　電磁誘導

　電線と通信線との間の相互インダクタン
スの影響で生じるものが電磁誘導で
す（図3.10）.

　通信線の電磁誘導電圧 $\dot{E}_m$ は，次
式となります.

$$\dot{E}_m = j\omega l\left(M_a\dot{I}_a + M_b\dot{I}_b + M_c\dot{I}_c\right)\text{〔V〕}$$

$$\cdots\cdots\cdots\cdots\cdots (3.2)$$

ω：各周波数（電源の周波数を
　　　f〔Hz〕とすると
　　　$\omega = 2\pi f$〔rad/s〕）

　　l：電線と並行する通信線の長さ〔km〕

　　M_a, M_b, M_c：各線と通信線との間の相互インダクタンス〔H/km〕

　　$\dot{I}_a, \dot{I}_b, \dot{I}_c$：各線の電流〔A〕

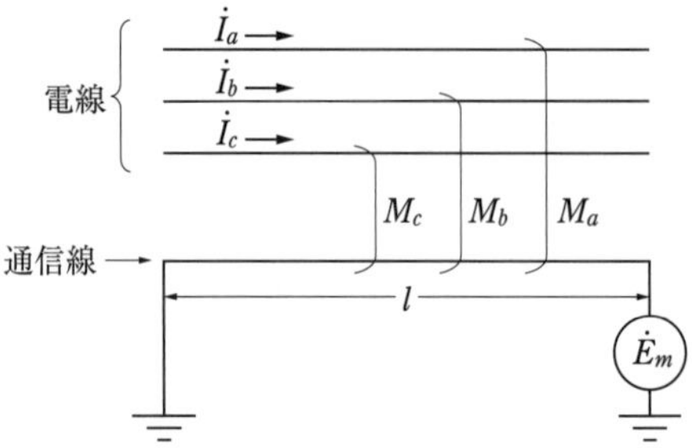

図3.9　静電誘導

図3.10　電磁誘導

電磁誘導は電流の障
害だね

!Point

　平常時は，$\dot{I}_a + \dot{I}_b + \dot{I}_c \fallingdotseq 0$ となりますが，地絡などの何らかの異常が発生し
た場合には 0 ではなくなります. このときの電流を $\dot{I}$，電線と通信線との相互
インダクタンスを M とすると

$$\dot{E}_m = j\omega lM\dot{I} = j2\pi flM\dot{I} \cdots\cdots\cdots\cdots\cdots\cdots\cdots\cdots\cdots (3.3)$$

となります. 国家試験ではこの式に関する出題がみられます.

(3)　誘導障害への対策

　誘導障害への対策としては，次の項目があります.

　①　電線と通信線との離隔距離を大きくとる.

　②　架空地線に導電率のよいものを使用する（通信線への遮へい効果が高
　　　まります）.

　③　電線と通信線との間に遮へい線を設置する.

　④　通信線を同軸ケーブル等（遮へい効果のあるもの）や光ファイバにす
　　　る.

　⑤　電線のねん架を行う.

ねん架については少し掘り下げておきます. 電線は，電線と通信線との距

ねん架を漢字で書く
と捻架だよ. ねじ
るってことだね.

離，電線と大地との距離，電線相互間の距離がばらばらで，各電線のインダクタンスや静電容量が不平衡となります．これが変圧器の中性点に残留電圧を生じさせて地絡保護に悪影響をおよぼしたり通信線への誘導障害を引き起こしたりします．そこで，電

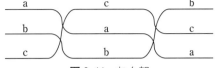

図 3.11　ねん架

線の配置を例えば鉄塔ごとに入れ替えて平衡化を図る方法がねん架です（図 3.11）．

　通信線以外，例えば地上にいる人や構造物への障害を避けるのであれば鉄塔を高くするという方法も考えられます．また，電磁誘導障害への対策として，中性点の接地抵抗を高くして地絡電流の抑制をすることや，地絡等の事故時での迅速な遮断が有効です．

3・2・3　コロナ放電

　裸電線である超高圧の架空電線は条件によって放電現象を引き起こします．その内容について解説します．

(1)　コロナ障害

　架空送電線は裸電線で，表面の電位傾度（ある一定の長さに対してかかる電圧で電界強度と同意です）が一定の条件になると，空気による絶縁力が失われ電線表面から放電します．これをコロナ放電といい，電線の取付け金具の腐食や通信線への誘導障害や電波障害の原因となります．コロナ放電による電力の損失をコロナ損といいます．発生の特徴は次のとおりです．

① 薄光，音を伴い電線，がいし，金具に発生．
② 細い電線や素線数の多い電線ほど発生しやすい．
③ 晴天よりも雨雪霜（湿度が高くなると）で発生しやすい．
④ 気圧が低くなるほど発生しやすい．

　コロナ放電が始まる電界の値ををコロナ臨界電圧といい，その電圧以上でコロナ放電が発生します．単導体方式の場合コロナ臨界電圧 E〔kV/cm〕の計算式は次のとおりです．

$$E = m_0 m_1 \delta^{\frac{2}{3}} 48.8 r \left(1 + \frac{0.301}{\sqrt{r\delta}}\right) \log_{10} \frac{D}{r} \text{〔kV〕} \quad \cdots\cdots\cdots\cdots\cdots (3.4)$$

　　m_0：電線の表面係数（電線の表面の状態によりますが，おおむね 0.8〜0.9 です）

　　m_1：天候係数（晴天で 1，雨雪霜など湿度がある場合はおおむね 0.8 です）

　　r：電線の半径〔cm〕

　　D：線間距離〔cm〕

p：気圧〔hPa〕

t：気温〔℃〕

δ：相対空気密度と呼ばれ次式で計算されます.

$$\delta = \frac{0.2892p}{273+t} \quad \cdots\cdots\cdots\cdots\cdots\cdots\cdots\cdots\cdots\cdots\cdots\cdots\cdots (3.5)$$

実験的にコロナ臨界電圧（電位傾度）は，20℃，1013.25 hPa（1気圧）の条件（$\delta = 1$）で波高値約 30 kV/cm です．直流では 30 kV/cm，交流では $\dfrac{30}{\sqrt{2}}$ kV/cm（実効値）ということになります.

> 式を暗記する必要はないけど，天気との関係と 30 kV/cm という値は覚えてね

(2) 多導体方式

　一相分の電線を 2～8 本の電線をスペーサで広げて送電する方式を多導体方式（電線が 2 本の場合は複導体方式という場合があります）といいます（図 3.12）．この方法によって電線を見掛け上太くすることでコロナ開始電圧を高くすることができ，コロナ放電が抑えられます.

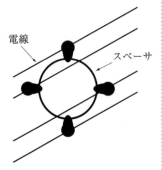

電線　　スペーサ

図 3.12　多導体方式

3·2·4　塩　害

　塩分を含む風や雨などの影響でがいしの表面に塩分が付着し絶縁性能が失われることでフラッシオーバや電波障害などが発生することが塩害です．波しぶきが直接当たる場所を岩礁隣接地域，海岸から 500 m 以内の地域を重塩害地域，海岸から 2 km 以内の地域を塩害地域として区別することがあります．この塩害への対策は次のとおりです.

① 塩害を起こしにくルートの選択や塩分からの遮へいをする.

② がいしを長くする（過絶縁による対策）.

③ 耐塩がいし（塩害に強い設計のかいし）を使用する.

④ がいしの表面にシリコンコンパウンドを塗布して雨水をはじく.

⑤ がいしを定期的に洗浄する.

3·2·5　振　動

　架空電線は風などの影響で振動します．これが長期間にわたると電線の支持点で断線が生じるなどの事故の可能性があります.

(1) 振動現象

振動に関する用語についてまとめておきます（表 3.2）.

表3.2 電線の振動

振動の種類	現 象
微風振動	架空電線に風速5m程度の横風があたると風下側にカルマン渦(空気の渦)が発生し上下に振動する現象.
ギャロッピング	電線に雪や氷が付着すると電線の形状が非対称となり強風にあおられると発生する激しい上下振動. カルマン渦の影響です.
サブスパン振動	電線のスペーサとスペーサで区切られた区間がサブスパンです. サブスパン内での振動をサブスパン振動と呼んでいます. 振動の原理はギャロッピングと同じです.
スリートジャンプ	電線に付着した雪や氷が脱落したときに発生する跳躍現象です. 電線同士の接触による短絡事故の原因となります.
コロナ振動	コロナ放電によって水滴が飛ばされ, その反動で電線が細かく振動する現象が**コロナ振動**です.

第3章 架空送電

(2) 振動対策

電線の支持点の補強としては3·1·4項で扱ったアーマロッドが有効です. 振動を抑えるものにはダンパ(制動子)があります. 簡単にいえば電線に取り付けるおもりです(図3.13).

ストックブリッジダンパ

トーショナルダンパ

図3.13 ダンパ

電線同士の接触による相間短絡の防止としては相間スペーサがあります. 見た目は長幹がいしのようです. 多導体方式で利用されているスペーサと目的が違いますので混同しないようにして下さい. 着雪防止としては, スパイラルロッドといわれる電線に巻かれる線があります.

試験の直前 ● CHECK!

- □ **雷害**＞＞
  架空地線, 埋設地線, アークホーン, フラッシオーバと逆フラッシオーバ, 不平衡絶縁方式
- □ **誘導障害**＞＞
  静電誘導, 電磁誘導, ねん架
- □ **コロナ放電**＞＞
  コロナ臨界電圧, コロナ損, 多導体方式
- □ **塩害**＞＞
  がいしの塩害対策
- □ **振動現象**＞＞
  微風振動, ギャロッピング, サブスパン振動, スリートジャンプ, コロナ振動, ダンパ, 相間スペーサ

問題1

　架空送電線路の雷害対策に関する記述として，誤っているものを次の(1)～(5)のうちから一つ選べ．

(1)　直撃雷から架空送電線を遮へいする効果を大きくするためには，架空地線の遮へい角を小さくする．

(2)　送電用避雷装置は雷撃時に発生するアークホーン間電圧を抑制できるので，雷による事故を抑制できる．

(3)　架空地線を多条化することで，架空地線と電力線間の結合率が増加し，鉄塔雷撃時に発生するアークホーン間電圧が抑制できるので，逆フラッシオーバの発生が抑制できる．

(4)　二回線送電線路で，両回線の絶縁に格差を設け，二回線にまたがる事故を抑制する方法を不平衡絶縁方式という．

(5)　鉄塔塔脚の接地抵抗を低減させることで，電力線への雷撃に伴う逆フラッシオーバの発生を抑制できる．

《H26-8》

解説

　鉄塔塔脚の接地抵抗を低減させることで抑制できるのは「電力線」ではなく「架空地線」への雷撃に伴う逆フラッシオーバです．

問題2

　次の文章は，誘導障害に関する記述である．

　架空送電線路と通信線路とが長距離にわたって接近交差していると，通信線路に対して電圧が誘導され，通信設備やその取扱者に危害を及ぼすなどの障害が生じる場合がある．この障害を誘導障害といい，次の2種類がある．

①　架空送電線路の電圧によって，架空送電線路と通信線路間の ［(ア)］ を介して通信線路に誘導電圧を発生させる ［(イ)］ 障害．

②　架空送電線路の電流によって，架空送電線路と通信線路間の ［(ウ)］ を介して通信線路に誘導電圧を発生させる ［(エ)］ 障害．

　架空送電線路が十分にねん架されていれば，通常は，架空送電線路の電圧や電流によって通信線路に現れる誘導電圧はほぼ0Vとなるが，架空送電線路で地絡事故が発生すると，電圧及び電流は不平衡になり，通信線路に誘導電圧が生じ，誘導障害が生じる場合がある．例えば，一線地絡事故に伴う ［(エ)］ 障害の場合，電源周波数を f，地絡電流の大きさを I，単位長さ当たりの架空送電線路と通信線路間の ［(ウ)］ を M，架空送電線路と通信線路との並行区間長を L としたときに，通信線路に生じる誘導電圧の大きさは ［(オ)］ で与えられる．誘導障害対策に当たっては，この誘導電圧の大きさを考慮して検討の要否を考える必要がある．

上記の記述中の空白箇所(ア)，(イ)，(ウ)，(エ)及び(オ)に当てはまる組合せとして，正しいものを次の(1)〜(5)のうちから一つ選べ．

	(ア)	(イ)	(ウ)	(エ)	(オ)
(1)	キャパシタンス	静電誘導	相互インダクタンス	電磁誘導	$2\pi fMLI$
(2)	キャパシタンス	静電誘導	相互インダクタンス	電磁誘導	$\pi fMLI$
(3)	キャパシタンス	電磁誘導	相互インダクタンス	静電誘導	$\pi fMLI$
(4)	相互インダクタンス	電磁誘導	キャパシタンス	静電誘導	$2\pi fMLI$
(5)	相互インダクタンス	静電誘導	キャパシタンス	電磁誘導	$2\pi fMLI$

《H28-8》

解説

本文の3・2・2項「誘導障害」の説明で解答を選択できると思います．電圧による静電誘導，電流による電磁誘導と電磁誘導の式がポイントです．キャパシタンスとは静電容量のことです．

問題3

次の文章は，コロナ損に関する記述である．

送電線に高電圧が印加され，[(ア)]がある程度以上になると，電線からコロナ放電が発生する．コロナ放電が発生するとコロナ損と呼ばれる電力損失が生じる．そこで，コロナ放電の発生を抑えるために，電線の実効的な直径を[(イ)]するために[(ウ)]する，線間距離を[(エ)]する，などの対策がとられている．コロナ放電は，気圧が[(オ)]なるほど起こりやすくなる．

上記の記述中の空白箇所(ア)，(イ)，(ウ)，(エ)及び(オ)に当てはまる組合せとして，正しいものを次の(1)〜(5)のうちから一つ選べ．

	(ア)	(イ)	(ウ)	(エ)	(オ)
(1)	電流密度	大きく	単導体化	大きく	低く
(2)	電線表面の電界強度	大きく	多導体化	大きく	低く
(3)	電流密度	小さく	単導体化	小さく	高く
(4)	電線表面の電界強度	小さく	単導体化	大きく	低く
(5)	電線表面の電界強度	大きく	多導体化	小さく	高く

《R1-10》

解説

本文の3・2・3項「コロナ放電」の説明を参考にして下さい．式(3.4)で線間距離Dが常用対数($\log_{10}$)内の分子にあることから，この値を大きくすればコロナ臨界電圧を高くすることができることがわかります．なお，過去には標準の気象条件(20℃，1気圧)でのコロナ臨界電圧(30 kV/cm)が記憶されているかどうかを問う出題例があります．

$$E = m_0 m_1 \delta^{\frac{2}{3}} 48.8r\left(1+\frac{0.301}{\sqrt{r\delta}}\right)\log_{10}\frac{D}{r}\ \text{[kV]} \quad\cdots\cdots (3.4)$$

問題4

　架空送電線路のがいしの塩害現象及びその対策に関する記述として，誤っているものを次の(1)～(5)のうちから一つ選べ．

(1)　がいし表面に塩分等の導電性物質が付着した場合，漏れ電流の発生により，可聴雑音や電波障害が発生する場合がある．

(2)　台風や季節風などにより，がいし表面に塩分が急速に付着することで，がいしの絶縁が低下して漏れ電流の増加やフラッシオーバが生じ，送電線故障を引き起こすことがある．

(3)　がいしの塩害対策として，がいしの洗浄，がいし表面へのはっ水性物質の塗布の採用や多導体方式の適用がある．

(4)　がいしの塩害対策として，雨洗効果の高い長幹がいし，表面漏れ距離の長い耐霧がいしや耐塩がいしが用いられる．

(5)　架空送電線路の耐汚損設計において，がいしの連結個数を決定する場合には，送電線路が通過する地域の汚損区分と電圧階級を加味する必要がある．

《H27-9》

解説

　(3)の多導体方式はコロナ放電に対する対策で塩害対策ではありません．過去に，絶縁電線の利用が選択肢にある出題がありました．絶縁電線の被覆は樹木等への接触を防止することが目的であり，これも塩害対策ではありません．

問題5

　架空電線が電線と直角方向に毎秒数メートル程度の風を受けると，電線の後方に渦を生じて電線が上下に振動することがある．これを微風振動といい，これが長時間継続すると電線の支持点付近で断線する場合もある．微風振動は ［（ア）］ 電線で，径間が ［（イ）］ ほど．また，張力が ［（ウ）］ ほど発生しやすい．対策としては，電線にダンパを取り付けて振動そのものを抑制したり，断線防止策として支持点近くをアーマロッドで補強したりする．電線に翼形に付着した氷雪に風が当たると，電線に揚力が働き複雑な振動が生じる．これを ［（エ）］ といい，この振動が激しくなると相間短絡事故の原因となる．主な防止策として，相間スペーサの取り付けがある．また，電線に付着した氷雪が落下したときに発生する振動は，［（オ）］ と呼ばれ，相間短絡防止策としては，電線配置にオフセットを設けることなどがある．

　上記の記述中の空白箇所(ア)，(イ)，(ウ)，(エ)及び(オ)に当てはまる語句として，正しいものを組み合わせたのは次のうちどれか．

	(ア)	(イ)	(ウ)	(エ)	(オ)
(1)	軽い	長い	大きい	ギャロッピング	スリートジャンプ
(2)	重い	短い	小さい	スリートジャンプ	ギャロッピング
(3)	軽い	短い	小さい	ギャロッピング	スリートジャンプ
(4)	軽い	長い	大きい	スリートジャンプ	ギャロッピング
(5)	重い	長い	大きい	ギャロッピング	スリートジャンプ

《H22-10》

解 説 ....

　本文中には触れませんでしたが，微風振動は電線が軽く，径間が長いほど発生しやすい特性があります．また，弦楽器では弦を張るとよく響くのと同様に，電線の張力が大きいほど発生しやすいと考えられます．

第4章　配電

4・1　架空配電線の構成 …………………… 98

4・2　電気方式 ………………………… 105

4・3　配電方式 ………………………… 115

4・4　機械的要素 ……………………… 118

4·1 架空配電線の構成

● 出題項目 ● CHECK!

- ☐ 架空配電線の構成
- ☐ 絶縁電線
- ☐ 開閉器
- ☐ 電圧調整

4·1·1 架空配電線の構成

図4.1に架空配電線の構成を示します。図にはありませんがこれ以外に単相3線式100V/200Vが架線されていたり、電話線やケーブルテレビなどの通信線が共架されていたりします。また、高圧配電線路の事故や作業時にその部分だけを切り離すための区分開閉器が備わっているものもあります。

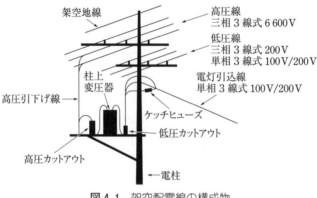

図4.1 架空配電線の構成物

図中のラベル: 架空地線, 高圧線 三相3線式6 600V, 低圧線 三相3線式200V 単相3線式100V/200V, 電灯引込線 単相3線式100V/200V, 柱上変圧器, 高圧引下げ線, ケッチヒューズ, 低圧カットアウト, 高圧カットアウト, 電柱

柱上変圧器については前の章のV－V結線を見てね.

4·1·2 絶縁電線

特別高圧となる架空送電線は裸電線でしたが、配電系統に利用されるものは樹木などとの接触を防止するため主に被覆をもつ絶縁電線です。配電線として利用される主なものをまとめておきます（表4.1）。

まずは電線の略称を覚えてね.

表4.1 配電用電線

用 途	種 類	構 造
高圧配電線	屋外用架橋ポリエチレン絶縁電線 **OC**：outdoor crosslinked polyethylene	架橋ポリエチレンで被覆された硬銅線，硬銅より，線または，鋼心アルミより線（ACSR-OC）
	屋外用ポリエチレン絶縁電線 **OE**：outdoor polyethylene	架橋ポリエチレンで被覆された硬銅線，硬銅より線，または，鋼心アルミより線（ACSR-OE）

高圧引下げ線	高圧引下用架橋ポリエチレン絶縁電線 **PDC**：plane transformer drop wire crosslinked polyethylene	架橋ポリエチレンで被覆された軟銅線，または，軟銅より線
	高圧引下用エチレンプロピレンゴム絶縁電線 **PDP**：plane transformer drop wire ethylene Propylene rubber	エチレンプロピレンゴムで被覆された軟銅線，または，軟銅より線
低圧配電線	屋外用ビニル絶縁電線 **OW**：outdoor waterproof	耐候性のあるビニルで被覆された硬銅線，硬銅より線，または，鋼心アルミより線（ACSR-OW）
低圧引込線	引込用ビニル絶縁電線 **DV**：polyvinyl chloride insulated drop wire	ビニルで被覆された硬銅線，または，硬銅より線

4·1·3　保護装置

　図4.1の柱上変圧器の周辺にある保護装置についてまとめておきます（表4.2）．配電線路上のスイッチ類は，過負荷および短絡の保護を目的としており，地絡事故の保護用ではありません．

表 4.2　保護装置

種　類	役　割
高圧カットアウト	柱上変圧器の一次側に設置され，開閉動作，変圧器の過負荷および短絡の保護を行います．
低圧カットアウト	柱上変圧器の二次側に設置され，変圧器の過負荷および短絡の保護を行います．
ケッチヒューズ	低圧引込線の変圧器に近い側に設置され，過負荷および短絡の保護を行います．ヒューズは，雷サージや電動機の始動電流などの短時間の過大電流に対して溶断しないことが求められます．

4·1·4　区分開閉器

　配電線を区分する装置（スイッチ）として区分開閉器があります．配電線に異常が発生した場合にその区間を切り離す目的で利用されます．負荷電流を開閉するもので，事故電流の遮断はできません．区分開閉器が開放された場合，そこから先の区間が全て停電してしまいますので，他の配電系統から電力を融通するために接続をするものとして連系開閉器があります．

　配電線に短絡や地絡が発生すると変電所の遮断器が開放され，配電線上の区分開閉器が無電圧を検出して開放されます．その後，変電所からの送電が開始されると，一定の時間後に変電所に近い位置にある区分開閉器から順に投入されていきます．送電開始後に再度異常が検出され送電が停止された場合，送電再開後から再停止までの経過時間を計ることで故障地点の特定ができます．こ

国家試験問題に具体例があるからね．

99

れを時限順送方式といいます.

　この場合の区分開閉器は自動で開放・投入がされますが，制御信号で遠隔操作できるものもあります．これを制御信号方式といい時限順送方式と併用されています（図4.2）.

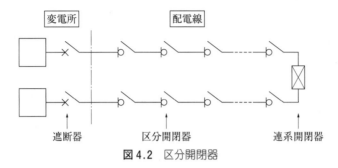

図4.2　区分開閉器

4・1・5　柱上開閉器

　柱上つまり電柱に配置される開閉器全般を柱上開閉器といいます．高圧気中開閉器（PAS：pole air switch），低圧気中開閉器（ACB：air circuit breaker），真空開閉器（VS：vacuum switch），ガス開閉器（GS：gas switch）があり，一般的には気中開閉器か真空開閉器が利用されています．区分開閉器も柱上にあれば柱上開閉器といえます．油入開閉器（OS：oil switch）もありますが現在は架空支持物での設置が禁止されています.

4・1・6　電圧調整

　供給電圧は，電気事業法施行規則第38条で次のように規定されています（表4.3）.

表4.3

標準電圧	維持すべき値
100 V	101 Vの上下6 Vを超えない値
200 V	202 Vの上下20 Vを超えない値

　負荷の変動があっても，この値に収まるように電圧を調整するさまざまな装置や工夫があります．配電用変電所での調整として負荷時タップ切換変圧器（LRT：load ratio control transformer），負荷時電圧調整器（LRA：load ratio adjuster），線路電圧降下補償器（LDC：line drop compensator）があります．高圧配電線路には昇圧器として，線路用自動電圧調整器（SVR：step voltage regulator）や力率改善のための開閉器付電力用コンデンサ（SC）があります.

変電設備にある調相設備の項も参考にしてね.

電力用コンデンサは，負荷に近い位置に配置すると効果があります．この他，負荷に関係なく電圧降下そのものを軽減するために電線を太くする方法や，隣接する別の配電系統に変更する方法も有効です．

柱上変圧器は，タップの切換によって電圧を調整する機能があります（図4.3）．一次側（高圧側）の入力位置を調整して巻線比を変更することで，二次側の電

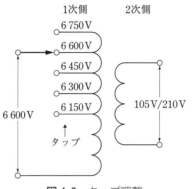

図4.3 タップ調整

圧（低圧側）が105 V/210 Vになるようにします．また，柱上変圧器は，電圧降下を低減するために負荷に近い場所に設置するようにします．なお，低圧側での電圧調整は通常行いません．

太陽光発電設備からの逆潮流による電圧の上昇についてはパワーコンディショナの電圧調整機能によってその影響を低減しています．

第4章 配電

● 試験の直前 ● CHECK!

- □ **架空配電線の構成**
- □ **絶縁電線**≫ OC，OE，PDC，PDP，OW，DV
- □ **保護装置**≫高圧カットアウト，低圧カットアウト，ケッチヒューズ
- □ **区分開閉器**≫連系開閉器，時限順送方式，制御信号方式
- □ **柱上開閉器**≫ PAS，ACB，VS，GS，OS
- □ **電圧調整**≫ LRT，LRA，LDC，SVR，SC，タップ切換）

国家試験問題

問題 1

我が国の配電系統の特徴に関する記述として，誤っているものを次の(1)～(5)のうちから一つ選べ．

(1) 高圧配電線路の短絡保護と地絡保護のために，配電用変電所には過電流継電器と地絡方向継電器が設けられている．

(2) 柱上変圧器には，過電流保護のために高圧カットアウトが設けられ，柱上変圧器内部及び低圧配電系統内での短絡事故を高圧系統側に波及させないようにしている．

(3) 高圧配電線路では，通常，6.6 kVの三相3線式を用いている．また，都市周辺などのビル・工場が密集した地域の一部では，電力需要が多いため，さらに電圧階級が上の22 kVや33 kVの三相3線式が用いられることもある．

(4) 低圧配電線路では，電灯線には単相3線式を用いている．また，単相3線式の電灯と三相3線式の動力を共用する方式として，V結線三相4線式も用いている．

(5) 低圧引込線には，過電流保護のために低圧引込線の需要場所の取付点にケッチヒューズ（電線ヒューズ）が設けられている．

《H25-11》

解説

変電設備（第2章）で解説した内容も参考にして下さい．ケッチヒューズの取付け位置は，引込線の短絡事故からの保護のため，需要場所の取付点ではなく電柱側です．

問題2

高圧架空配電系統を構成する機材とその特徴に関する記述として，誤っているものを次の(1)～(5)のうちから一つ選べ．

(1) 柱上変圧器は，鉄心に低損失材料の方向性けい素鋼版やアモルファス材を使用したものが実用化されている．

(2) 鋼板組立柱は，山間部や狭あい場所など搬入困難な場所などに使用されている．

(3) 電線は，一般に銅又はアルミが使用され，感電死傷事故防止の観点から，原則として絶縁電線である．

(4) 避雷器は，特性要素を内蔵した構造が一般的で，保護対象機器にできるだけ接近して取り付けると有効である．

(5) 区分開閉器は，一般に気中形，真空形があり，主に事故電流の遮断に使用されている．

《H26-13》

解説

(1) 方向性けい素鋼板はけい素を約3％含んだ鋼板で，ある方向に対して透磁率が高くなる特徴があります．アモルファスとは元素の配列に規則性がない金属であり，1960年代に米国で発見され，1970年代以降日本で実用化されたものです．無負荷時の電力損失（鉄損）が小さい特徴があります．

(2) 鋼板組立柱は，高張力鋼板を長さ2m程度の円柱状にしてものを積み重ねて利用するものです．コンクリート柱などと比較して部材が小さく軽量のため運搬や保管がしやすい利点があります．パンザーマストとも呼ばれていますが，これは日鉄建材(株)の商標名です．

(3) 送電線の場合は裸電線ですが，配電線は原則として絶縁（被覆）電線を使用します．

(4) 変電設備の避雷器の部分を参考にして下さい．保護範囲はおおむね100m程度ですので，保護対象機器にできるだけ接近して取り付けます．

開閉器と遮断器
しっかり特徴を押さえてね．

(5) 区分開閉器は負荷電流を開閉するもので，事故電流の遮断はできません．

問題3

次の文章は，配電線の保護方式に関する記述である．

高圧配電線路に短絡故障又は地絡故障が発生すると，配電用変電所に設置された ［(ア)］ により故障を検出して，遮断器にて送電を停止する．

この際，配電線路に設置された区分用開閉器は ［(イ)］ する．その後に配電用変電所からの送電を再開すると，配電線路に設置された区分用開閉器は電源側からの送電を検出し，一定時間後に動作する．その結果，電源側から順番に区分用開閉器は ［(ウ)］ される．

また，配電線路の故障が継続している場合は，故障区間直前の区分用開閉器が動作した直後に，配電用変電所に設置された ［(ア)］ により故障を検出して，遮断器にて送電を再度停止する．

この送電再開から送電を再度停止するまでの時間を計測することにより，配電線路の故障区間を判別することができ，この方式は ［(エ)］ と呼ばれている．

例えば，区分用開閉器の動作時限が7秒の場合，配電用変電所にて送電を再開した後，22秒前後に故障検出により送電を再度停止したときは，図の配電線の ［(オ)］ の区間が故障区間であると判断される．

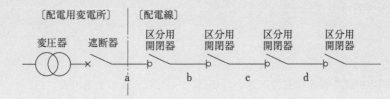

上記の記述中の空白箇所(ア)，(イ)，(ウ)，(エ)および(オ)に当てはまる組合せとして，正しいものを次の(1)～(5)のうちから一つ選べ．

	(ア)	(イ)	(ウ)	(エ)	(オ)
(1)	保護継電器	開放	投入	区間順送方式	c
(2)	避雷器	開放	投入	時限順送方式	d
(3)	保護継電器	開放	投入	時限順送方式	d
(4)	避雷器	投入	開放	区間順送方式	c
(5)	保護継電器	投入	開放	時限順送方式	c

《H25-12》

解説

地絡事故が発生すると，変電所の保護継電器により遮断器が動作し，送電を停止します．これによる無電圧を検知して区分開閉器が開放されます．その後，送電を再開して，区分開閉器を変電所から近い部分から順番に投入していきます．事故が継続している場合は，送電再開時からの時間を計測することで，事故点を見つけ出すことができます(時限順送方式)．

区分開閉器の動作時間が7秒ですから，22秒前後の再停止は変電所から見て3番目の区分開閉器($3 \times 7 = 21$秒)と4番目の区分開閉器($4 \times 7 = 28$秒)の間の事故によるものと考えられます．

問題 4

　次の文章は，配電線路の電圧調整に関する記述である．誤っているものを次の(1)～(5)のうちから一つ選べ．

(1)　太陽電池発電設備を系統連系させたときの逆潮流による配電線路の電圧上昇を抑制するため，パワーコンディショナには，電圧調整機能を持たせているものがある．

(2)　配電用変電所においては，高圧配電線路の電圧調整のため，負荷時電圧調整器(LRA)や負荷時タップ切換装置付変圧器(LRT)などが用いられる．

(3)　低圧配電線路の力率改善をより効果的に実施するためには，低圧配電線路ごとに電力用コンデンサを接続することに比べて，より上流である高圧配電線路に電力用コンデンサを接続した方がよい．

(4)　高負荷により配電線路の電圧降下が大きい場合，電線を太くすることで電圧降下を抑えることができる．

(5)　電圧調整には，高圧自動電圧調整器(SVR)のように電圧を直接調整するもののほか，電力用コンデンサや分路リアクトル，静止形無効電力補償装置(SVC)などのように線路の無効電力潮流を変化させて行うものもある．

《H29-13》

解 説

　本文の 4・1・6 項の解説を参考にして下さい．(5)については，2・1・4 項の調相設備を参考にして下さい．

(SVR : step voltage regulator， SVC : static var compensator)

4·2 電気方式

出題項目 ● CHECK!

☐ 電気方式
☐ 送電電力，電力損失，電線量の比較

4·2·1 単相2線式および単相3線式

単相による配電には，単相2線式(図4.4)と単相3線式(図4.5)の2つの方式があります．1980年代までは，一般家庭用の方式として単相2線式が普及していましたが，30Aまでしか引き込めないため，1990年代以降はほぼ単相3線式になっています．単相3線式では，60Aまでの利用契約が一般的で，それを超える利用の場合は主開閉器契約という方法になります．

単相3線式では，接地された中性線を挟んで両側に100V負荷を，中性線以外の2本に200Vの負荷を接続して利用します．中性線には，両負荷の電流の差分($I_1 - I_2$)が流れることになります．負荷の容量が異なる場合(不平衡)に中性線が断線すると，片方の負荷には100Vを大きく超える電圧がかかり焼損事故の可能性がありますので，中性線上には，ブレーカやヒューズを入れてはいけません．

今の一般住宅はほとんど単相3線式だよ．

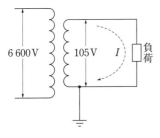

図4.4 単相2線式

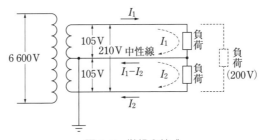

図4.5 単相3線式

4·2·2 バランサ

負荷が不平衡の場合に負荷電圧の不平衡を改善するものとしてバランサがあります．バランサは巻数比1:1の単巻変圧器(通常の変圧器の一次巻線を取り除いたものと考えて下さい)を図4.6のように接続する

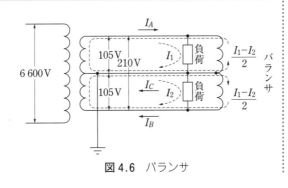

図4.6 バランサ

ものです．バランサには負荷電流の差（前項で説明した中性線の電流値）の半分が流れ，中性線には電流が流れません．中性線の断線による負荷への過電圧の抑制や配線による損失の低減といった利点があります．各線電流の関係は次のとおりです．

線路損失がどんな風に変化するかは国家試験問題を見てね．

$$I_A = I_1 - \frac{I_1 - I_2}{2} = \frac{I_1 + I_2}{2} \; (A)$$

$$I_B = I_2 + \frac{I_1 - I_2}{2} = \frac{I_1 + I_2}{2} \; (A)$$

$$I_C = 0 \; (A)$$

4・2・3 三相3線式および三相4線式

三相交流の配電には3線式と4線式があります．図4.7は三相4線式の例です．V−V結線で解説した灯動共用（電灯動力共用）も三相4線式の一種と考えられます．図4.7から中性線を取り去ったものが三相3線式です．

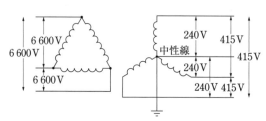

図 4.7　三相4線式

4・2・4 送電電力の比較

線電流を I，線間電圧を V，力率を cos θ，各相に接続された負荷は均等（単相3線式の中性線電流は 0）とすると各方式の送電電力は次の通りです．

| 単相2線式 | $P_1 = VI \cos\theta$ | ················ (4.1) |

単相2線式　　　　　$P_1 = VI \cos\theta$ ················ (4.1)
単相3線式　　　　　$P_2 = 2VI \cos\theta$ ··············· (4.2)
三相3線式　　　　　$P_3 = \sqrt{3}\,VI \cos\theta$ ·············· (4.3)
三相4線式　　　　　$P_4 = 3VI \cos\theta$ ··············· (4.4)

1線当たりの送電電力は

単相2線式

$$P_1' = \frac{VI \cos\theta}{2} \qquad \cdots\cdots\cdots\cdots\cdots (4.5)$$

単相3線式

$$P_2' = \frac{2VI \cos\theta}{3} = \frac{2}{3} \times 2P_1' = \frac{4}{3}P_1' \fallingdotseq 1.33P_1' \qquad \cdots\cdots\cdots (4.6)$$

三相3線式

ここから先は計算よりも表の数値を暗記する方が手っ取り早いよ．

$$P_3' = \frac{\sqrt{3}\,VI\cos\theta}{3} = \frac{\sqrt{3}}{3} \times 2P_1' = \frac{2\sqrt{3}}{3}P_1' \fallingdotseq 1.15P_1' \quad \cdots\cdots\cdots (4.7)$$

三相4線式

$$P_4' = \frac{3VI\cos\theta}{4} = \frac{3}{4} \times 2P_1' = \frac{3}{2}P_1' = 1.5P_1' \quad \cdots\cdots\cdots\cdots (4.8)$$

以上の結果をまとめると次の通りです（表4.4）．

表4.4　単相2線式の送電電力を基準とした各方式の送電電力の比率

電気方式	送電電力の単相2線式との比率〔%〕
単相2線式	100
単相3線式	133
三相3線式	115
三相4線式	150

4・2・5　電力損失の比較

電力を P，力率を $\cos\theta$，電線の断面積およびこう長を一定（電線の抵抗値はすべて R），各相に接続された負荷は均等（単相3線式の中性線電流は0）とすると各方式の電流は次のとおりです．

単相2線式

$$I_1 = \frac{P}{V\cos\theta} \quad \cdots\cdots\cdots\cdots\cdots\cdots\cdots\cdots\cdots\cdots\cdots\cdots (4.9)$$

単相3線式

$$I_2 = \frac{P}{2V\cos\theta} = \frac{1}{2}I_1 \quad \cdots\cdots\cdots\cdots\cdots\cdots\cdots\cdots\cdots (4.10)$$

三相3線式

$$I_3 = \frac{P}{\sqrt{3}\,V\cos\theta} = \frac{1}{\sqrt{3}}I_1 \quad \cdots\cdots\cdots\cdots\cdots\cdots\cdots\cdots (4.11)$$

三相4線式

$$I_4 = \frac{P}{3V\cos\theta} = \frac{1}{3}I_1 \quad \cdots\cdots\cdots\cdots\cdots\cdots\cdots\cdots\cdots (4.12)$$

電線の抵抗値を R，線電流を I とすると1線当たりの電力損失は $P_L = I^2R$ ですから各方式の電力損失は

単相2線式

$$P_{L1} = 2 \times I_1{}^2 R \quad \cdots\cdots\cdots\cdots\cdots\cdots\cdots\cdots\cdots\cdots\cdots (4.13)$$

単相3線式

$$P_{L2} = 2 \times I_2{}^2 R = 2 \times \left(\frac{1}{2}I_1\right)^2 R = \frac{1}{2} \times I_1{}^2 R = \frac{1}{2} \times \frac{1}{2}P_{L1} = \frac{1}{4}P_{L1} = 0.25P_{L1}$$

$$\cdots\cdots\cdots\cdots\cdots\cdots\cdots\cdots(4.14)$$

三相3線式

$$P_{L3}=3\times I_3{}^2R=3\times\left(\frac{1}{\sqrt{3}}I_1\right)^2R=I_1{}^2R=\frac{1}{2}P_{L1}=0.5P_{L1}\quad\cdots\cdots\cdots(4.15)$$

三相4線式

$$P_{L4}=3\times I_4{}^2R=3\times\left(\frac{1}{3}I_1\right)^2R=\frac{1}{3}\times I_1{}^2R=\frac{1}{3}\times\frac{1}{2}P_{L1}=\frac{1}{6}P_{L1}\fallingdotseq0.167P_{L1}$$

$$\cdots\cdots\cdots\cdots\cdots\cdots\cdots\cdots(4.16)$$

以上の結果をまとめると次のとおりです（表4.5）．

表4.5　単相2線式の電力損失を基準とした各方式の比率

電気方式	電力損失の単相2線式との比率〔%〕
単相2線式	100
単相3線式	25
三相3線式	50
三相4線式	16.7

4・2・6　電線量の比較

電力損失を一定として，各方式の1線当たりの抵抗値を $R_1\sim R_4$ とすると，単相2線式の電力損失の式（4.13）との比較において次の関係が成り立ちます．
式（4.13），（4.14）から

$$2\times I_1{}^2R_1=\frac{1}{2}\times I_1{}^2R_2\quad\Leftrightarrow\quad\frac{R_1}{R_2}=\frac{1}{4}\quad\cdots\cdots\cdots\cdots\cdots\cdots(4.17)$$

式（4.13），（4.15）から

$$2\times I_1{}^2R_1=I_1{}^2R_3\quad\Leftrightarrow\quad\frac{R_1}{R_3}=\frac{1}{2}\quad\cdots\cdots\cdots\cdots\cdots\cdots\cdots(4.18)$$

式（4.13），（4.16）から

$$2\times I_1{}^2R_1=\frac{1}{3}\times I_1{}^2R_4\quad\Leftrightarrow\quad\frac{R_1}{R_4}=\frac{1}{6}\quad\cdots\cdots\cdots\cdots\cdots\cdots(4.19)$$

電線の条数を n，比重を σ，こう長を l，断面積を S とすると電線量 m は

$$m=n\sigma lS\quad\cdots\cdots\cdots\cdots\cdots\cdots\cdots\cdots\cdots\cdots(4.20)$$

また，抵抗率を ρ とすると電線の抵抗値 R は

$$R=\rho\frac{l}{S}\quad\cdots\cdots\cdots\cdots\cdots\cdots\cdots\cdots\cdots(4.21)$$

断面積は

$$S=\rho\frac{l}{R}\quad\cdots\cdots\cdots\cdots\cdots\cdots\cdots\cdots\cdots(4.22)$$

式(4.22)を式(4.20)に代入すると，電線量 m は

$$m = n\sigma l\rho \frac{l}{R} = \sigma l^2 \rho \frac{n}{R} \quad \cdots\cdots\cdots\cdots\cdots\cdots\cdots (4.23)$$

n と R 以外は定数ですから，その部分を k として式を簡略化しておきます．

$$m = k\frac{n}{R} \quad \cdots\cdots\cdots\cdots\cdots\cdots\cdots\cdots\cdots\cdots\cdots (4.24)$$

各方式の電線量を $m_1 \sim m_4$ とすると，式(4.24)より単相2線式の電線量は

$$m_1 = k\frac{2}{R_1} \quad \cdots\cdots\cdots\cdots\cdots\cdots\cdots\cdots\cdots\cdots (4.25)$$

これと他の方式との電線量を比較します．

式(4.17)，(4.25)より，単相3線式との比較をすると次のようになります．

$$\frac{m_2}{m_1} = \frac{k\dfrac{3}{R_2}}{k\dfrac{2}{R_1}} = \frac{3}{2} \times \frac{R_1}{R_2} = \frac{3}{2} \times \frac{1}{4} = \frac{3}{8} = 0.375 \quad \cdots\cdots\cdots\cdots (4.26)$$

単相3線式の場合，電力関係での計算では，平衡負荷を条件に中性線を計算から除外できたのですが，電線量の計算ではそうはいきません．中性線はその他の2本の線よりも電流が小さくなりますから，細い線を利用する場合もありますが，ここでは3本とも同じ太さのものが利用されることを前提とします．

式(4.18)，(4.25)より，三相3線式との比較をすると，

$$\frac{m_3}{m_1} = \frac{k\dfrac{3}{R_3}}{k\dfrac{2}{R_1}} = \frac{3}{2} \times \frac{R_1}{R_3} = \frac{3}{2} \times \frac{1}{2} = \frac{3}{4} = 0.75 \quad \cdots\cdots\cdots\cdots (4.27)$$

式(4.17)，(4.25)より，単相4線式との比較をすると，

$$\frac{m_4}{m_1} = \frac{k\dfrac{4}{R_4}}{k\dfrac{2}{R_1}} = \frac{4}{2} \times \frac{R_1}{R_4} = \frac{4}{2} \times \frac{1}{6} = \frac{1}{3} \fallingdotseq 0.333 \quad \cdots\cdots\cdots (4.28)$$

以上の結果をまとめると次のとおりです（表4.6）．

表 4.6　単相2線式の電力損失を基準とした各方式の比率

電気方式	電線量の単相2線式との比率〔％〕
単相2線式	100
単相3線式	37.5
三相3線式	75
三相4線式	33.3

!**Point**

　各電気方式の比較については，表の内容を暗記してしまうのも一つの手法かと思います．単相2線式との比較以外に単相3線式など他の方式を基準とした比率の計算にもチャレンジしてみて下さい．

● 試験の直前 ● **CHECK!**

☐ **単相2線式**
☐ **単相3線式**≫バランサ
☐ **三相3線式**
☐ **三相4線式**
☐ **送電電力の比較**≫単相2線式と他の方式との比較
☐ **電力損失の比較**≫単相2線式と他の方式との比較
☐ **電線量の比較**≫単相2線式と他の方式との比較

国家試験問題

問題1

　図のように，電圧線及び中性線の各部の抵抗が$0.2\,\Omega$の単相3線式低圧配電線路において，末端のAC間に太陽光発電設備が接続されている．各部の電圧及び電流が図に示された値であるとき，次の(a)及び(b)の問に答えよ．ただし，負荷は定電流特性で力率は1，太陽光発電設備の出力（交流）は電流I〔A〕，力率1で一定とする．また，線路のインピーダンスは抵抗とし，図示していないインピーダンスは無視するものとする．

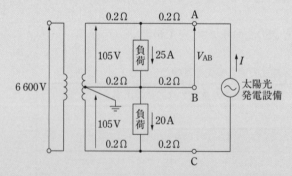

(a)　太陽光発電設備を接続する前のAB間の端子電圧V_{AB}の値〔V〕として，最も近いものを次の(1)～(5)のうちから一つ選べ．

(1)　96　　　(2)　99　　　(3)　100　　　(4)　101　　　(5)　104

(b)　太陽光発電設備を接続したところ，AB間の端子電圧V_{AB}〔V〕が107Vとなった．このときの太陽光発電設備の出力電流（交流）Iの値〔A〕として，最も近いものを次の(1)～(5)のうちか

ら一つ選べ.

(1)　5　　　(2)　15　　　(3)　20　　　(4)　25　　　(5)　30

《H30-16》

解説 ▶

(a)　端子 A, B はともに開放状態ですから電流は流れていませんから負荷から右側の電線には電圧が発生していません. 従って V_{AB} は上側の負荷の両端電圧と同じになります. 下図を参考に考えて下さい. 中性線に流れる電流は

$$25-20=5 〔A〕$$

負荷の両端電圧は電源側の 105 V から電線の電圧を引けばよいので

$$105-(0.2×25+0.2×5)=99 〔V〕$$

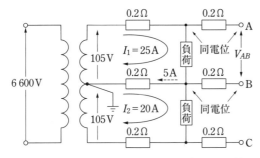

(b)　負荷は定電流特性とありますから, 電流, 電圧の関係は下図のようになると考えられます.

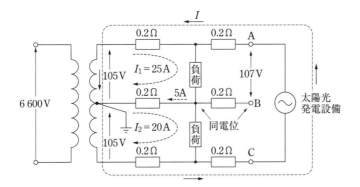

わかっている数値をどんどん図に書き込んで考えるといいよ.

端子 B は開放されていますからその部分の電線に電位差はありません. AB 間について図を抜き出すと次のようになります.

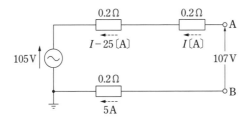

第4章　配電

これにキルヒホッフの第2法則（電圧の法則）を当てはめると

$$105+(I-25)\times0.2+I\times0.2=5\times0.2+107 \,[\mathrm{V}] \quad \Leftrightarrow \quad I=20 \,[\mathrm{A}]$$

問題2

　図のような，線路抵抗をもった100/200 V 単相3線式配電線路に，力率が100%で電流がそれぞれ30 A及び20 Aの二つの負荷が接続されている．この配電線路にバランサを接続した場合について，次の(a)及び(b)の問に答えよ．

　ただし，バランサの接続前後で負荷電流は変化しないものとし，線路抵抗以外のインピーダンスは無視するものとする．

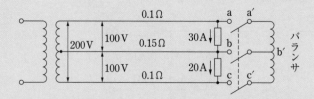

(a)　バランサ接続後 a′ − b′ 間に流れる電流の値〔A〕として，最も近いものを次の(1)～(5)のうちから一つ選べ．

(1)　5　　　(2)　10　　　(3)　20　　　(4)　25　　　(5)　30

(b)　バランサ接続前後の線路損失の変化量の値〔W〕として，最も近いものを次の(1)～(5)のうちから一つ選べ．

(1)　20　　　(2)　65　　　(3)　80　　　(4)　125　　　(5)　145

《H28-17》

解説

問題図に説明用の記号を入れた図を用意しました．

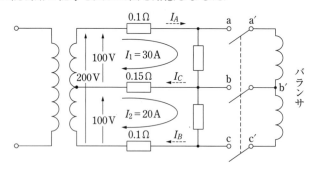

(a)　バランサの電流は，バランサ接続前の中性線電流 I_C の半分ですから，

$$\frac{30-20}{2}=5 \,[\mathrm{A}]$$

(b)　線路損失 P は次式で計算されます．

$$P=0.1I_A{}^2+0.1I_B{}^2+0.15I_C{}^2$$

バランサ接続前の各線の電流は

$I_A = 30$〔A〕　　$I_B = 20$〔A〕　　$I_C = 30 - 20 = 10$〔A〕

よってバランサ接続前の線路損失 P_1 は

$P_1 = 0.1 \times 30^2 + 0.1 \times 20^2 + 0.15 \times 10^2 = 145$〔W〕

バランサ接続後の各線の電流は

$I_A = I_B = \dfrac{30 + 20}{2} = 25$〔A〕　　$I_C = 0$〔A〕

よってバランサ接続語の線路損失 P_2 は

$P_2 = 0.1 \times 25^2 + 0.1 \times 25^2 + 0.15 \times 0^2 = 125$〔W〕

以上より，バランサ接続前後の線路損失の変化は

$P_1 - P_2 = 145 - 125 = 20$〔W〕

問題3

　三相3線式と単相2線式の低圧配電方式について，三相3線式の最大送電電力は，単相2線式のおよそ何％となるか．最も近いものを次の(1)～(5)のうちから一つ選べ．

　ただし，三相3線式の負荷は平衡しており，両低圧配電方式の線路こう長，低圧配電線に用いられる導体材料や導体量，送電端の線間電圧，力率は等しく，許容電流は導体の断面積に比例するものとする．

　　(1)　67　　　(2)　115　　　(3)　133　　　(4)　173　　　(5)　260

《H27-13》

解説

本文 4·2·4 項の送電電力の比較を参考にして下さい．

第4章　配電

問題4

　回路図のような単相2線式及び三相4線式のそれぞれの低圧配電方式で，抵抗負荷に送電したところ送電電力が等しかった．

　このときの三相4線式の線路損失は単相2線式の何％となるか．最も近いものを次の(1)～(5)のうちから一つ選べ．

　ただし，三相4線式の結線はY結線で，電源は三相対称，負荷は三相平衡であり，それぞれの低圧配電方式の1線当たりの線路抵抗 r，回路図に示す電圧 V は等しいものとする．また，線路インダクタンスは無視できるものとする．

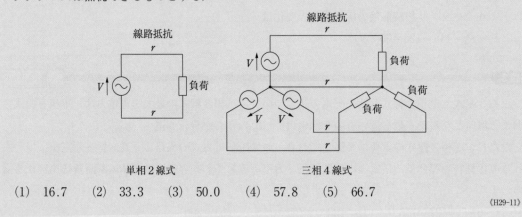

単相2線式　　　　　　　三相4線式

(1)　16.7　　　(2)　33.3　　　(3)　50.0　　　(4)　57.8　　　(5)　66.7

《H29-11》

解 説

本文4・2・5項の電力損失の比較を参考にして下さい．

4·3　配電方式　　　　　　　　　　　　重要知識

● 出題項目 ● CHECK! ●

□　樹枝状方式
□　ループ方式
□　低圧バンキング方式
□　スポットネットワーク方式
□　レギュラーネットワーク方式

4·3·1　樹枝状方式

　樹木の枝のように配電する方式を樹枝状方式といいます．放射状方式ともいいます．構成が単純で建設費が安価，需要増加に対する対応が容易といった利点があります．短所としては電圧降下や電力損失が他の方式より大きいことや電力供給の信頼度が低いことがあげられます．図中のフィーダとは，特別高圧や高圧の送り出し配線のことです．

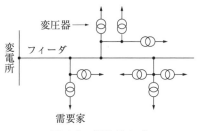

図 4.8　樹枝状方式

ここからは配電方式のお話だよ.

第4章　配電

4·3·2　ループ方式

　フィーダがループ状になっている方式をループ方式といいます．環状方式ともいいます．線路の途中で故障が発生しても健全部分の受電が可能であるため電力供給の信頼度が高く，電圧降下や電力損失が小さい特徴があります．短所としては，樹枝状方式と比較して建設費が大きいことや保護継電方式が複雑になるといったことがあげられます．

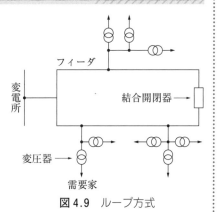

図 4.9　ループ方式

　ループの途中に置かれた結合開閉器は，常時開路（事故時に閉じる方式）と常時閉路（事故時に開く方式）とがあります．

4・3・3　低圧バンキング方式

　2台以上の変圧器を並列に低
圧配電線に接続したものを低圧
バンキング方式といいます．低
圧配電線網の構成によって，線
状，環状および格子状がありま
す．電圧降下や電力損失を減
少，変圧器容量の低減，フリッ

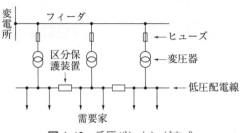

図4.10　低圧バンキング方式

カの改善，需要増加に対する融通性が大きく電力供給の信頼度が高いといった
利点があります．

　何らかの要因で高圧ヒューズが溶断したり，低圧配電線に短絡電流が流れた
りすると，他の区分の変圧器にまで短絡電流が流れて広い範囲に次々と停電を
起こすカスケーディングを起こす可能性があるため，変圧器一次側のヒューズ
と隣接する変圧器の中間に区分保護装置（ヒューズまたはやブレーカ）を取り付
けて保護協調を行い，これを防ぐ必要があります．

4・3・4　スポットネットワーク方式

　大規模ビルなどの負荷が
1か所に集中しているよう
な場所で導入されるものに
スポットネットワーク方式
があります．2〜3回線の
特別高圧配電線路からT
分岐で引き込み，断路器，
ネットワーク変圧器，ネッ
トワークプロテクタを経て
複数の回線をネットワーク
母線に並列に接続するもの
です．

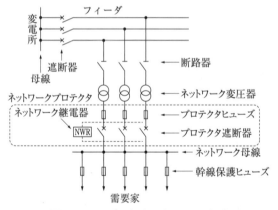

図4.11　スポットネットワーク方式

変電所からの配線は
三相3線式で図の1
本は配線3本分だ
よ．

　複数の回線を並列して利用していることから，ネットワークプロテクタは，
高圧側の1線が故障して停止するとネットワーク母線から停止回線のネット
ワーク変圧器に逆電流が流れるので，これを検出して回線を自動遮断する装置
です．復旧時は自動的に閉路します．プロテクタヒューズ，プロテクタ遮断器
およびプロテクタ継電器から構成されています．またプロテクタ継電器は，電
力方向継電器，位相継電器，変流器，制御回路などから構成されています．

　このネットワークプロテクタによる故障の自動除去によってネットワーク母

線以降の事故以外は停電することがないため，電力供給に高い信頼度をもちます．

4·3·5 レギュラーネットワーク方式

各ネットワーク変圧器からネットワークプロテクタを通して格子状の低圧配電線に連結され需要家に供給する方式をレギュラーネットワーク方式といいます．低圧ネットワーク方式ともいいます．隣接する変圧器は異なったフィーダに接続されています．電力供給の

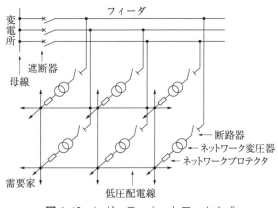

図4.12　レギュラーネットワーク方式

配電が複雑だね．

信頼度が高い反面建設費が高いので，大都市中心部の負荷密度が高いところでないと採用されにくい状況です．

● 試験の直前 ● CHECK!

- □ **樹枝状方式の特徴**
- □ **ループ方式の特徴** ≫結合開閉器(常時開路，常時閉路)
- □ **低圧バンキング方式の特徴** ≫カスケーディング
- □ **スポットネットワークの特徴** ≫ネットワークプロテクタ
- □ **レギュラーネットワーク方式の特徴**

第4章 配電

国家試験問題

問題1

次の文章は，スポットネットワーク方式に関する記述である．

スポットネットワーク方式は，ビルなどの需要家が密集している大都市の供給方式で，一つの需要家に [(ア)] 回線で供給されるのが一般的である．

機器の構成は，特別高圧配電線から断路器，[(イ)] 及びネットワークプロテクタを通じて，ネットワーク母線に並列に接続されている．

また，ネットワークプロテクタは，[(ウ)]，プロテクタ遮断器，電力方向継電器で構成されている．

スポットネットワーク方式は，供給信頼度の高い方式であり，[(エ)] の単一故障時でも無停電で電力を供給することができる．

上記の記述中の空白箇所(ア)，(イ)，(ウ)及び(エ)に当てはまる組合せとして，正しいものを次の(1)〜(5)のうちから一つ選べ．

	(ア)	(イ)	(ウ)	(エ)
(1)	1	ネットワーク変圧器	断路器	特別高圧配電線
(2)	3	ネットワーク変圧器	プロテクタヒューズ	ネットワーク母線
(3)	3	遮断器	プロテクタヒューズ	ネットワーク母線
(4)	1	遮断器	断路器	ネットワーク母線
(5)	3	ネットワーク変圧器	プロテクタヒューズ	特別高圧配電線

《H23-12》

解説

本文4・3・4項の解説と図から選択肢の判断ができると思います．

問題2

スポットネットワーク方式及び低圧ネットワーク方式(レギュラーネットワーク方式ともいう)の特徴に関する記述として，誤っているものを次の(1)〜(5)のうちから一つ選べ．

(1) 一般的に複数回線の配電線により電力を供給するので，1回線が停電しても電力供給を継続することができる配電方式である．

(2) 低圧ネットワーク方式では，供給信頼度を高めるために低圧配電線を格子状に連系している．

(3) スポットネットワーク方式は，負荷密度が極めて高い大都市中心部の高層ビルなど大口需要家への供給に適している．

(4) 一般的にネットワーク変圧器の一次側には断路器が設置され，二次側には保護装置(ネットワークプロテクタ)が設置される．

(5) スポットネットワーク方式において，ネットワーク変圧器二次側のネットワーク母線で故障が発生したときでも受電が可能である．

《H27-12》

解 説

本文の図 4.11 からも判断できるかと思いますが，スポットネットワーク方式ではネットワーク母線で故障が発生すると受電不可能な部分が現れます．

問題 3

次の文章は，低圧配電系統の構成に関する記述である．

放射状方式は， (ア) ごとに低圧幹線を引き出す方式で，構成が簡単で保守が容易なことから我が国では最も多く用いられている．

バンキング方式は，同一の特別高圧又は高圧幹線に接続されている 2 台以上の配電用変圧器の二次側を低圧幹線で並列に接続する方式で，低圧幹線の (イ) ，電力損失を減少でき，需要の増加に対し融通性がある．しかし，低圧側に事故が生じ，1 台の変圧器が使用できなくなった場合，他の変圧器が過負荷となりヒューズが次々と切れ広範囲に停電を引き起こす (ウ) という現象を起こす可能性がある．この現象を防止するためには，連系箇所に設ける区分ヒューズの動作時間が変圧器一次側に設けられる高圧カットアウトヒューズの動作時間より (エ) なるよう保護協調をとる必要がある．

低圧ネットワーク方式は，複数の特別高圧又は高圧幹線から，ネットワーク変圧器及びネットワークプロテクタを通じて低圧幹線に供給する方式である．特別高圧又は高圧幹線側が 1 回線停電しても，低圧の需要家側に無停電で供給できる信頼度の高い方式であり，大都市中心部で実用化されている．

上記の記述中の空白箇所(ア)，(イ)，(ウ)及び(エ)に当てはまる組合せとして，正しいものを次の(1)～(5)のうちから一つ選べ．

	(ア)	(イ)	(ウ)	(エ)
(1)	配電用変電所	電圧降下	ブラックアウト	長く
(2)	配電用変電所	フェランチ効果	ブラックアウト	長く
(3)	配電用変圧器	電圧降下	カスケーディング	短く
(4)	配電用変圧器	フェランチ効果	カスケーディング	長く
(5)	配電用変圧器	フェランチ効果	ブラックアウト	短く

《H28-12》

解 説

カスケーディング防止のためには区分保護装置の動作時間が高圧側の保護装置より先に動作するような保護協調が必要となります．

4・4 機械的要素

● 出題項目 ● CHECK!

- ☐ たるみ
- ☐ 荷重
- ☐ 支線

4・4・1　たるみ

　電線は，その支持点間において適切なたるみをもたせてあります．たるみが大きければ電線の振動が大きくなって，線間接触が起きる可能性があり，小さければ電線の張力が大きくなって，断線の可能性があります．図4.13のように径間距離を S〔m〕，電線の合成荷重を W〔N/m〕，水平張力を T〔N〕とすると，たるみ D〔m〕と実長 L〔m〕は，次の式で表されます．

$$D = \frac{WS^2}{8T} \text{〔m〕} \quad\cdots\cdots\cdots\cdots\cdots\cdots\cdots (4.29)$$

$$L = S + \frac{8D^2}{3S} \text{〔m〕} \quad\cdots\cdots\cdots\cdots\cdots\cdots (4.30)$$

　これらの式は数学的に求められたものですが，その計算はかなり複雑ですので省略します．図4.13のような(電線の描く)曲線をカテナリー曲線または懸垂曲線といい，その研究者の一人はベルヌーイです(1600年代後半)．

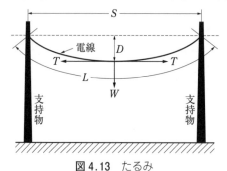

図4.13　たるみ

4・4・2　温度変化の影響

　電線は温度が上昇すると膨張して伸びます．温度の変化分を Δt〔℃〕，膨張係数を α とすると，電線の実長は L_1〔m〕から L_2〔m〕に変化し，その関係は次式で表されます．

$$L_2 = L_1(1 + \alpha \Delta t) \text{〔m〕} \quad\cdots\cdots\cdots\cdots\cdots (4.31)$$

「たるみ」漢字で書くと「弛み」．弛度(ちど)という言い方もあるよ．

この2つの式の暗記は必須だよ．

4·4·3　電線の受ける荷重

電線の質量による荷重を W_1〔N/m〕，風圧による荷重を W_2〔N/m〕とすると電線にかかる荷重 W_0〔N/m〕は三平方の定理により次式で計算できます.

$$W_0{}^2 = W_1{}^2 + W_2{}^2 \quad \therefore W_0 = \sqrt{W_1{}^2 + W_2{}^2} \quad \text{〔N/m〕}$$
$$\cdots\cdots\cdots\cdots\cdots\cdots\cdots\cdots\cdots\cdots\cdots\cdots (4.32)$$

電線に加わる荷重と電線質量による荷重との比（負荷係数）は次式となります.

$$負荷係数 = \frac{W_0}{W_1} = \frac{\sqrt{W_1{}^2 + W_2{}^2}}{W_1} \qquad \cdots\cdots\cdots\cdots\cdots\cdots\cdots (4.33)$$

図 4.14　電線の荷重

4·4·4　支線の種類

電柱などの支持物が倒壊しないように支える役割をするものに支線があります. 代表的なものを示しておきます（図 4.15）. 支線が電線と接触した場合の危険防止として玉がいしが入れられています. また，支線が地面から抜けないように地中にアンカーが埋め込まれています. 鉄塔には支線がありません.

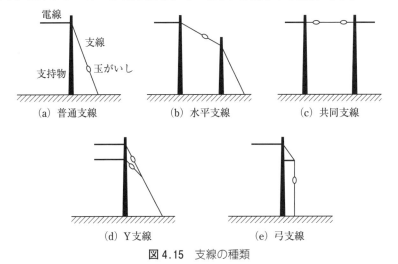

(a) 普通支線　　(b) 水平支線　　(c) 共同支線

(d) Y支線　　　(e) 弓支線

図 4.15　支線の種類

支線以外に支柱といううつっかえ棒もあるよ

第4章　配電

4·4·5　支線の張力

図 4.16 のように支持物を挟んで両側に電線と支線のある状態を想定します. 電線の張力を T〔N〕，支線の張力を T〔N〕，電線の高さを h_1〔m〕，支線の高さを h_2〔m〕，支持物と支線のなす角度を θ〔°〕とします. 支線の張力の水平方向の成分は，$P\sin\theta$ となります. 電線と支線のモーメント（この場合は，張力×高さ）が等しくなれば支持物は倒壊しません. よって次式が成立します.

$$T \times h_1 \,[\mathrm{N \cdot m}] = P\sin\theta \times h_2 \,[\mathrm{N \cdot m}] \quad \cdots\cdots\cdots\cdots\cdots\cdots (4.34)$$

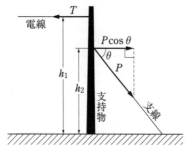

図 4.16　支線の張力

❗Point

　支持物が斜めになっていたり，電線が 2 方向張られていたりするような想定の設問もありますが，前後のモーメントのバランスがとれているようにすればよいということを念頭において下さい．

4・4・6　支線の条数

　支線の条数（本数）は，それに加わる張力に安全率を掛けて算出します．支線に加わる張力を $T\,[\mathrm{N}]$，安全率を F，支線 1 本当たりの引張荷重（支線が切れるときの荷重）を $t\,[\mathrm{n}]$，支線の条数を $n\,[条]$ とした場合次式から条数を求めます．

$$TF = nt \qquad \therefore \ n = \frac{TF}{t}\ [条] \quad \cdots\cdots\cdots\cdots\cdots\cdots (4.35)$$

　計算結果は，小数以下を切り上げて整数条とします．

簡単に切れたりしないように安全をみる．それが安全率だね．

● 試験の直前 ● CHECK! ─────────────────────

□ **たるみ** ≫≫

$$D = \frac{WS^2}{8T} \text{〔m〕}$$

□ **実長** ≫≫

$$L = S + \frac{8D^2}{3S} \text{〔m〕}$$

□ **温度変化** ≫≫

$$L_2 = L_1(1 + \alpha \Delta t) \text{〔m〕}$$

□ **荷重** ≫≫

$$W_0 = \sqrt{W_1{}^2 + W_2{}^2} \text{〔N/m〕（この式を } W_1 \text{で割ったものが負荷係数）}$$

□ **支線の種類** ≫≫

普通支線，水平支線，共同支線，Y 支線，弓支線

□ **張力**（モーメントの一致）≫≫

$$T \times h_1 \text{〔N·m〕} = P \sin\theta \times h_2 \text{〔N·m〕}$$

□ **支線の条数** ≫≫

$$n = \frac{TF}{t} \text{〔条〕}$$

第4章 配電

国家試験問題

問題 1

支持点間が 180 m，たるみが 3.0 m の架空電線路がある．

いま架空電線路の支持点間を 200 m にしたとき，たるみを 4.0 m にしたい．電線の最低点における水平張力をもとの何 % にすればよいか．最も近いものを次の(1)〜(5)のうちから一つ選べ．

ただし，支持点間の高低差はなく，電線の単位長当たりの荷重は変わらないものとし，その他の条件は無視するものとする．

(1)　83.3　　(2)　92.6　　(3)　108.0　　(4)　120.0　　(5)　148.1

《H29-8》

 解 説

たるみの式は

$$D = \frac{WS^2}{8T}$$

この式について，支持点間 180 m の場合 (D_1) と，支持点間 200 m，たるみ 4.0 m の場合 (D_2) を

$$D_1 = \frac{WS_1^2}{8T_1}, \quad D_2 = \frac{WS_2^2}{8T_2}$$

とします．単位長当たりの荷重は変わらないとありますので W は共通です．

この式を水平張力を求める式に変形すると，

$$T_1 = \frac{WS_1^2}{8D_1}, \quad T_2 = \frac{WS_2^2}{8D_2}$$

題意より，水平張力について T_2/T_1 を求めればよいことになります．

$$\frac{T_2}{T_1} = \frac{\dfrac{WS_2^2}{8D_2}}{\dfrac{WS_1^2}{8D_1}} = \frac{D_1S_2^2}{D_2S_1^2} = \frac{3.0 \times 200^2}{4.0 \times 180^2} \fallingdotseq 0.926$$

問題2

　図のように高低差のない支持点 A，B で支持されている径間 S が 100〔m〕の架空電線路において，導体の温度が 30〔℃〕のとき，たるみ D は 2〔m〕であった．

　導体の温度が 60〔℃〕になったとき，たるみ D〔m〕の値として，最も近いものを次の(1)〜(5) のうちから一つ選べ．

　ただし，電線の線膨張係数は 1〔℃〕につき 1.5×10^{-5} とし，張力による電線の伸びは無視するものとする．

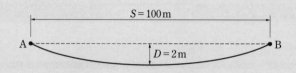

(1)　2.05　　(2)　2.14　　(3)　2.39　　(4)　2.66　　(5)　2.89

《H24-13》

解説

温度が 30℃ のときの電線の実長 L_1 は，たるみを D_1 とすると，

$$L_1 = S + \frac{8D_1^2}{3S} = 100 + \frac{8 \times 2^2}{3 \times 100} \fallingdotseq 100.107 〔m〕$$

温度が 60℃ のときの電線の実長 L_2 は

$$L_2 = L_1(1 + \alpha t) = 100.107 \times \{1 + 1.5 \times 10^{-5} \times (60 - 30)\} \fallingdotseq 101.152 〔m〕$$

よって，温度が 60℃ のときのたるみ D_2 は

$$L_2 = S + \frac{8D_2^2}{3S} \quad より \quad D_2 = \sqrt{\frac{3S(L_2 - S)}{8}} = \sqrt{\frac{3 \times 100 \times (100.152 - 100)}{8}} = 2.387$$

問題3

　図のように，架線の水平張力 T〔N〕を支線と追支線で，支持物と支線柱を介して受けている．支持物の固定点 C の高さを h_1〔m〕，支線柱の固定点 D の高さを h_2〔m〕とする．また，支持物と支線柱間の距離 AB を l_1〔m〕，支線柱と追支線地上固定点 E との根開き BE を l_2〔m〕とする．

　支持物及び支線柱が受ける水平方向の力は，それぞれ平衡しているという条件で，追支線にかかる張力 T_2〔N〕を表した式として，正しいものを次の(1)～(5)のうちから一つ選べ．

　ただし，支線，追支線の自重及び提示していない条件は無視する．

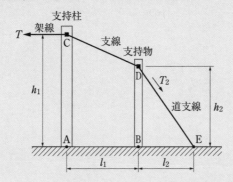

(1) $\dfrac{T\sqrt{h_2{}^2+l_2{}^2}}{l_2}$　　　(2) $\dfrac{Tl_2}{\sqrt{h_2{}^2+l_2{}^2}}$　　　(3) $\dfrac{T\sqrt{h_2{}^2+l_2{}^2}}{\sqrt{(h_1-h_2)^2+l_1{}^2}}$

(4) $\dfrac{T\sqrt{(h_1-h_2)^2+l_1{}^2}}{\sqrt{h_2{}^2+l_2{}^2}}$　　　(5) $\dfrac{Th_2\sqrt{(h_1-h_2)^2+l_1{}^2}}{(h_1-h_2)\sqrt{h_2{}^2+l_2{}^2}}$

《H25-9》

解 説

　支線およびの追支線の張力をそれぞれ T_1, T_2, 水平方向と支線および追支線との角度をそれぞれ θ_1, θ_2, 支線および追支線の長さをそれぞれ L_1, L_2 とすると出題図は次のとおりとなります．

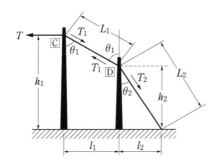

固定点 C について

$$T \times h_1 = T_1 \sin \theta_1 \times h_1 \qquad \therefore\ T_1 = \frac{T}{\sin \theta_1}$$

固定点 D について

$$T_1 \sin \theta_1 \times h_2 = T_2 \sin \theta_2 \times h_2$$

$$\therefore \ T_2 = \frac{\sin \theta_1}{\sin \theta_2} \times T_1 = \frac{\sin \theta_1}{\sin \theta_2} \times \frac{T}{\sin \theta_1} = \frac{T}{\sin \theta_2}$$

追支線の長さ L_2 は三平方の定理により

$$L_2{}^2 = l_2{}^2 + h_2{}^2 \quad \therefore \ L_2 = \sqrt{l_2{}^2 + h_2{}^2}$$

よって，

$$\sin \theta_2 = \frac{l_2}{L_2} = \frac{l_2}{\sqrt{l_2{}^2 + h_2{}^2}}$$

以上より，

$$T_2 = \frac{T}{\sin \theta_2} = \frac{T}{\dfrac{l_2}{\sqrt{l_2{}^2 + h_2{}^2}}} = \frac{\sqrt{l_2{}^2 + h_2{}^2}}{l_2} \times T$$

（p.123〜125 の解答）　問題 1 ▶→(2)　問題 2 ▶→(3)　問題 3 ▶→(1)

第5章　地中電線路

5・1　地中電線路の構成 …………………… 128

5・2　ケーブル ………………………………… 133

5・3　故障点の評価と劣化診断 …………… 142

5・1　地中電線路の構成

重要知識

● 出題項目 ● CHECK!

☐ 地中電線路の特徴
☐ 布設方式

5・1・1　地中電線路の特徴

前章の架空電線路に続き，本章からは地中電線路について解説します．利点と欠点について，主なものをあげておきます（表5.1）．

表5.1 地中電線路の利点と欠点

利　点	欠　点
・街並みの景観がよい ・風水害の影響を受けにくい ・人や物への接触の危険性が少ない	・建設費が高い ・故障点の発見が困難 ・故障からの復旧に時間がかかる ・設備の増強が容易ではない

地中電線路にも架空電線路と同様に変圧器が必要となります．地中ではなく道路の隅の箱に変圧器と共に開閉器や遮断器などが納められています．これをパッドマウント変圧器といいます．

5・1・2　布設方式

地中電線路の布設方式には直接埋設式，管路式，暗きょ（暗渠）式などがあります．それぞれについて解説します．

(1)　直接埋設式

コンクリート製のトラフなどの防護物の内部にケーブルを納めて地中に布設する方法が直接埋設式です（図5.1）．ケーブルの上部を堅牢な板などで覆ってトラフを省略する場合もあります．土かむり（路面からケーブルまでの深さ）は重量物の圧力の影響がある場所では 1.2 m 以上，それ以外の場所では 0.6 m 以上です．ケーブルの条数が少なく，増設の見込みが少ない場合に採用されます．

絶縁被覆した電線をさらに外装で覆ったものがケーブルだよ

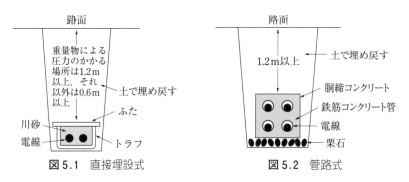

図5.1　直接埋設式　　　　　図5.2　管路式

深さを覚えてね.

(2)　管路式

　鉄筋コンクリート管(ヒューム管), 鋼管, 合成樹脂製管などを地中に埋設して, 適切な間隔で設けられたマンホールからケーブルの引入れや撤去を行う方式が管路式です. ケーブルの接続はマンホール内で行います. 管の接続部はコンクリート(胴締めコンクリート)で補強します(図5.2). 全長にわたって固められる場合もあります. ケーブルの条数が多い場合や将来増設が予想される場合, 交通量が多く再掘削が困難な場合に利用されます.

(3)　暗きょ式

　コンクリート造によるトンネルを地下に埋設したものが暗きょ式です. ケーブルは電線ラックなどでに固定されます(図5.3). 低圧や高圧以外に超高圧の送電線路にも採用されています. ガスや水道, 通信線などと共用されている大型のものを共同溝, 電力ケーブルと通信線のみの小型のものをキャブ(小型共同溝)といい, いずれも暗きょ式に分類されます. 大型のものは照明, 換気, 排水設備や火災時の自動消火装置などが備えられています.

図5.3　暗きょ式

シールド工法の利用で断面が丸い暗きょもあるよ.

第5章　地中電線路

　各方式の長所と短所を簡単にまとめておきます(表5.2).

表5.2　各布設方式の長所と短所

布設方式	長　所	短　所
直接埋設式	・工事が単純で工期が短い ・工事費が安価 ・熱放散がよく許容電流が大きい	・ケーブルの損傷を受けやすい ・増設や保守点検が難しい ・故障復旧に時間がかかる
管路式	・ケーブルの引入れ・撤去，増設が容易 ・ケーブルの損傷を受けにくい ・保守点検，故障復旧が容易	・工事費が高い ・熱放散がわるく許容電流が制限される ・工期が長い
暗きょ式	・熱放散がよく許容電流が大きい ・多条布設に便利	・工事費が高い ・工期が長い

● **試験の直前 ● CHECK!**

□ **地中電線路の利点と欠点**
□ **直接埋設式** ≫埋設の深さ
□ **管路式**
□ **暗きょ式** ≫共同溝，キャブ，自動消火装置

国家試験問題

問題1

　次の文章は，地中配電線路の得失に関する記述である．

　地中配電線路は，架空配電線路と比較して，[(ア)]が良くなる，台風等の自然災害発生時において[(イ)]による事故が少ない等の利点がある．

　一方で，架空配電線路と比較して，地中配電線路は高額の建設費用を必要とするほか，掘削工事を要することから需要増加に対する[(ウ)]が容易ではなく，またケーブルの対地静電容量による[(エ)]の影響が大きい等の欠点がある．

　上記の記述中の空白箇所(ア)，(イ)，(ウ)および(エ)に当てはまる組合せとして，正しいものを次の(1)～(5)のうちから一つ選べ．

	(ア)	(イ)	(ウ)	(エ)
(1)	都市の景観	他物接触	設備増強	フェランチ効果
(2)	都市の景観	操業者過失	保護協調	フェランチ効果
(3)	需要率	他物接触	保護協調	電圧降下
(4)	都市の景観	他物接触	設備増強	電圧降下
(5)	需要率	操業者過失	設備増強	フェランチ効果

《H27-11》

解説

ケーブルの対地静電容量による影響はフェランチ効果です．送電点よりも受電点での電圧が上昇してしまう現象です．詳細は後述します．

問題2

我が国の電力ケーブルの布設方式に関する記述として，誤っているものを次の(1)～(5)のうちから一つ選べ．

(1) 直接埋設式には，掘削した地面の溝に，コンクリート製トラフなどの防護物を敷き並べて，防護物内に電力ケーブルを引き入れてから埋設する方式がある．

(2) 管路式には，あらかじめ管路及びマンホールを埋設しておき，電力ケーブルをマンホールから管路に引き入れ，マンホール内で電力ケーブルを接続して布設する方式がある．

(3) 暗きょ式には，地中に洞道を構築し，床上や棚上あるいはトラフ内に電力ケーブルを引き入れて布設する方式がある．電力，電話，ガス，上下水道などの地下埋設物を共同で収容するための共同溝に電力ケーブルを布設する方式も暗きょ式に含まれる．

(4) 直接埋設式は，管路式，暗きょ式と比較して，工事期間が短く，工事費が安い．そのため，将来的な電力ケーブルの増設を計画しやすく，ケーブル線路内での事故発生に対して復旧が容易である．

(5) 管路式，暗きょ式は，直接埋設式と比較して，電力ケーブル条数が多い場合に適している．一方，管路式では，電力ケーブルを多条数布設すると送電容量が著しく低下する場合があり，その場合には電力ケーブルの熱放散が良好な暗きょ式が採用される．

《R1-11》

解説

直接埋設式は，布設工事の工期は短くてすみますが，事故時の復旧作業は，掘削工事が必要となり簡単ではありません．

第5章 地中電線路

問題3

地中配電線路に用いられる機器の特徴に関する記述a～eについて，誤っているものの組合せを次の(1)～(5)のうちから一つ選べ．

a 現在使用されている高圧ケーブルの主体は，架橋ポリエチレンケーブルである．

b 終端接続材料のがい管は，磁器製のほか，EPゴムやエポキシなど樹脂製のものもある．

c 直埋変圧器(地中変圧器)は，変圧器孔を地下に設置する必要があり，設置コストが大きい．

d 地中配電線路に用いられる開閉器では，ガス絶縁方式は採用されない．

e 高圧需要家への供給用に使用される供給用配電箱には，開閉器のほかに供給用の変圧器がセットで収納されている．

(1) a (2) b, e (3) c, d (4) d, e (5) b, c, e

《H28-11》

131

解 説

　誤りについて解説します.

d　地中電線路に用いられる開閉器にはガス絶縁方式が多用されています.

e　本文中の解説には変圧器の入った箱について紹介をしていますが，高圧の需要家向けのものには変圧器は入っていません. 開閉器や地絡方向継電器などが納められています.

5·2 ケーブル

● 出題項目 ● CHECK!

- ☐ ケーブルの種類
- ☐ 充電容量
- ☐ ケーブルの損失
- ☐ ケーブルの許容電流

5·2·1　ケーブルの種類

地中電線路で利用されているケーブルは，古くはベルトケーブルや SL ケーブルというものでしたが，現在では CV ケーブルと OF ケーブルが主流となっています．

(1)　CV ケーブル

絶縁体として架橋ポリエチレン（ポリエチレンの耐熱性を高めたもので最高許容温度は 90℃）が使用されているケーブルが CV ケーブルです．絶縁体中の電界によるケーブルの破損を防ぐ目的で半導電層があります．導体が 1 心のもの（CV-1 C）と 3 心のもの（CV-3 C）を図示しました（図 5.4）．

CV ケーブルの導体が 1 心のものを 2 本より合わせたものを CVD ケーブル，3 本より合わせたものを CVT ケーブル，4 本より合わせたものを CVQ ケーブルといいます．CVT ケーブルの場合，CV-3 C と比較して熱抵抗が小さい，ケーブルの重量が軽い，曲げやすいといった利点があります．

ケーブルの名称と絶縁体の材料を覚えてね．

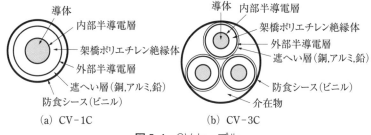

(a) CV-1C　　　(b) CV-3C

図 5.4 CV ケーブル

(2)　OF ケーブル

導体に絶縁紙を巻いた構造のものが OF ケーブルです（図 5.5）．導体の中心には油通路があり，給油設備によって大気圧以上の油圧を加えることで絶縁体（絶縁紙）にボイド（微小な空洞）の発生を抑えて絶縁強度を確保しています．

導体に絶縁紙を巻いたもの 3 条を鋼管内に納めて絶縁油を充填したものが POF ケーブルです（図 5.6）．鋼管の使用により地盤沈下など外傷に対しての強度に優れ，電磁遮へい効果が高いといった特徴があります．また，管内の絶縁油を循環して冷却することで送電容量を増大することができます．油圧は常

第5章　地中電線路

時監視されており，漏油を検知することで絶縁破壊事故の未然防止を図っています．

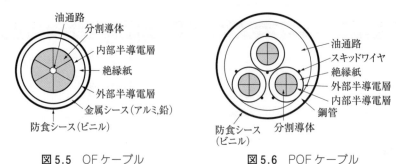

図5.5　OFケーブル　　　　　　　　図5.6　POFケーブル

分割導体は表皮効果対策だね．

5・2・2　充電容量

地中電線路は架空送電線と比較して線間距離が小さいため，誘導リアクタンスは小さくなりますが，静電容量は大きくなります．

(1)　ケーブルの静電容量

真空の誘電率を ε_0，絶縁体の比誘電率を ε_s，導体の直径を d〔m〕，絶縁体の直径を D〔m〕とすると，静電容量 C〔F/m〕は

$$C=\frac{2\pi\varepsilon_0\varepsilon_s}{\log_e\dfrac{D}{d}}\ \text{〔F/m〕} \quad\cdots\cdots\cdots\cdots\cdots\cdots\cdots (5.1)$$

で計算できます．ここで

この式を使う計算問題はたぶん出題されないかな．

$$\varepsilon_0=\frac{1}{4\pi\times9\times10^9},\ \log_e\frac{D}{d}=\frac{\log_{10}\dfrac{D}{d}}{\log_{10}e}\fallingdotseq2.3\log_{10}\frac{D}{d},\ 1\,\text{〔F/m〕}=1\times10^9\,\text{〔μF/km〕}$$

を代入すると

$$C\fallingdotseq\frac{0.02413\varepsilon_s}{\log_{10}\dfrac{D}{d}}\ \text{〔μF/km〕} \quad\cdots\cdots\cdots\cdots\cdots\cdots (5.2)$$

となります．

(2)　充電電流と充電容量

図5.7のように相電圧を E〔V〕，線間電圧を V〔V〕，周波数を f〔Hz〕，角周波数を ω〔rad/s〕，1線当たりの静電容量を C〔F〕，容量リアクタンスを X_c とすると，負荷とは無関係に充電電流（静電容量に流れる電流）が流れ，その値 I_c〔A〕は，

$$I_c=\frac{E}{X_c}=\omega CE=2\pi fCE=2\pi fC\frac{V}{\sqrt{3}}\ \text{〔A〕} \quad\cdots\cdots\cdots\cdots (5.3)$$

この式と次の式は重要だよ．

となります．また，充電容量（無負荷充電容量）P_c〔W〕は

$$P_c = 3EI_c = 3 \times \frac{V}{\sqrt{3}} \times 2\pi f C \frac{V}{\sqrt{3}} = 2\pi f C V^2 \lfloor W \rfloor \quad \cdots\cdots\cdots\cdots\cdots (5.4)$$

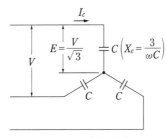

図 5.7　充電電流

(3)　作用静電容量

3心ケーブルにおいて導体と大地間の静電容量を C_e，導体間の静電容量を C_m とすると静電容量の関係は図5.8(a)のようになります．C_m について Δ-Y 変換をすると，図5.8(b)と書き換えることができます．Y結線の中性点は0電位となりますので，1線当たりの等価回路は図5.8(c)となります．

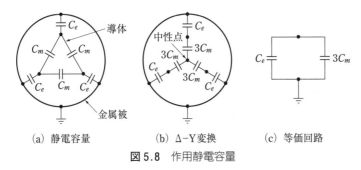

　(a)　静電容量　　　　　(b)　Δ−Y変換　　　　(c)　等価回路

図 5.8　作用静電容量

この1線当たりの静電容量 C 〔F〕を作用静電容量といい，次式で計算できます．

$$C = C_e + 3C_m \,〔F〕 \quad \cdots\cdots\cdots\cdots\cdots\cdots\cdots\cdots\cdots\cdots\cdots\cdots (5.5)$$

> **!Point**
>
> 　式(5.3)～(5.5)については出題が多くみられます．考え方と同時に式を暗記しておくとよいでしょう．

5・2・3　ケーブルの損失

ケーブルによる送電の損失には，抵抗損，シース損，誘電体損があります．

(1)　抵抗損

導体の抵抗と電流によって発生するジュール熱による損失が抵抗損です．ケーブルの損失で最も大きいものがこの抵抗損です．導体電流の2乗に比例します．交流電流の場合は，表皮効果や近接効果によって電流分布に偏りが生じ

ケーブルの中にコンデンサが仕込んであるのではなく，ケーブルそのものがコンデンサなんだね．

第5章　地中電線路

135

るため直流電流の場合よりも抵抗損は大きくなります．抵抗損を低減する方法としては，導体を太くする方法が考えられます．

(2) シース損

金属シースに誘導される電流によって発生する損失がシース損です．金属シースの長手方向に流れる電流によるシース回路損と金属シース内の渦電流によるシース渦電流損があり，導体電流に比例します．各相のシース電流のベクトル和をほぼ0にすることでシース回路損を抑える方法があり，これをクロスボンド方式（図5.9）といいます．また，シース渦電流損は導電率の低い金属シースを採用することで低減できます．

架空送電線のねん架とそっくりだね

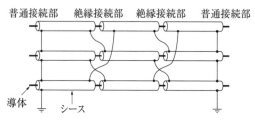

普通接続部　絶縁接続部　絶縁接続部　普通接続部

導体　シース

図5.9　クロスボンド方式

(3) 誘電体損

電圧と同位相の電流成分がケーブルの絶縁体（架橋ポリエチレンや絶縁紙）に流れることで発生する損失が誘電体損です．充電容量での解説と考え方はほぼ同じです．誘電正接を $\tan \delta$ とすると（誘電体内での損失の割合，δ を損失角といいます），誘電体損 P_i〔W〕は次式で計算できます．

$$P_i = 3EI\tan\delta = 3 \times \frac{V}{\sqrt{3}} \times 2\pi fC \frac{V}{\sqrt{3}} \times \tan\delta = 2\pi fCV^2 \tan\delta \; \text{〔W〕}$$

できればこの式は覚えてね．

.... (5.6)

誘電率と誘電正接を小さく抑えられれば誘電体損を低減することができます．

5・2・4　許容電流

ケーブルに流すことのできる最大電流が許容電流です．発熱によって絶縁被覆に損傷が生じない範囲ということになります．許容電流は温度上昇によって決まるといえます．この温度上昇が抑えられれば許容電流を大きくとることができます．前節の図5.3で水冷管がありますが，これはケーブルを外部から冷却するためのものです．POFケーブルでは絶縁油を循環する方法がとられます．導体を太くする方法も考えられます．

□ **ケーブルの種類**≫ CV，CVT，OF，POF
□ **充電容量**≫

静電容量　　　$C = \dfrac{2\pi\varepsilon_0\varepsilon_s}{\log_e \dfrac{D}{d}}$ 〔F/m〕

充電電流　　　$I_c = 2\pi f C \dfrac{V}{\sqrt{3}}$ 〔A〕

充電容量　　　$P_c = 2\pi f C V^2$ 〔W〕

作用静電容量　　　$C = C_e + 3C_m$ 〔F〕

□ **ケーブルの損失**≫抵抗損，シース損，クロスボンド方式，誘電体損$(P_i = 2\pi f C V^2 \tan\delta$ 〔W〕$)$
□ **許容電流の増大方法**≫水冷管や絶縁油の循環による冷却

国家試験問題

問題 1

　地中送電線路に使用される各種電力ケーブルに関する記述として，誤っているものを次の(1)～(5)のうちから一つ選べ．

(1)　OFケーブルは，絶縁体として絶縁紙と絶縁油を組み合わせた油浸紙絶縁ケーブルであり，油通路が不要であるという特徴がある．給油設備を用いて絶縁油に大気圧以上の油圧を加えることでボイドの発生を抑制して絶縁強度を確保している．

(2)　POFケーブルは，油浸紙絶縁の線心3条をあらかじめ布設された防食鋼管内に引き入れた後に，絶縁油を高い油圧で充てんしたケーブルである．地盤沈下や外傷に対する強度に優れ，電磁遮蔽効果が高いという特徴がある．

(3)　CVケーブルは，絶縁体に架橋ポリエチレンを使用したケーブルであり，OFケーブルと比較して絶縁体の誘電率，熱抵抗率が小さく，常時導体最高許容温度が高いため，送電容量の面で有利である．

(4)　CVTケーブルは，ビニルシースを施した単心CVケーブル3条をより合わせたトリプレックス形CVケーブルであり，3心共通シース形CVケーブルと比較してケーブルの熱抵抗が小さいため電流容量を大きくできるとともに，ケーブルの接続作業性がよい．

(5)　OFケーブルやPOFケーブルは，油圧の常時監視によって金属シースや鋼管の欠陥，外傷などに起因する漏油を検知できるので，油圧の異常低下による絶縁破壊事故の未然防止を図ることができる．

《H30-11》

第5章　地中電線路

解説

OFケーブルの特徴の一つに油通路があります．

問題2

　図に示すように，対地静電容量 C_e〔F〕，線間静電容量 C_m〔F〕からなる定格電圧 E〔V〕の三相1回線のケーブルがある．

　今，受電端を開放した状態で，送電端で三つの心線を一括してこれと大地間に定格電圧 E〔V〕の $\dfrac{1}{\sqrt{3}}$ 倍の交流電圧を加えて充電すると全充電電流は 90 A であった．

　次に，二つの心線の受電端・送電端を接地し，受電端を開放した残りの心線と大地間に定格電圧 E〔V〕の $\dfrac{1}{\sqrt{3}}$ 倍の交流電圧を送電端に加えて充電するとこの心線に流れる充電電流は 45 A であった．

　次の(a)及び(b)の間に答えよ．

　ただし，ケーブルの鉛被は接地されているとする．また，各心線の抵抗とインダクタンスは無視するものとする．なお，定格電圧及び交流電圧の周波数は，一定の商用周波数とする．

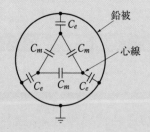

(a)　対地静電容量 C_e〔F〕と線間静電容量 C_m〔F〕の比 C_e/C_m として，最も近いものを次の(1)～(5)のうちから一つ選べ．

(1)　0.5　　(2)　1.0　　(3)　1.5　　(4)　2.0　　(5)　4.0

(b)　このケーブルの受電端を全て開放して定格の三相電圧を送電端に加えたときに1線に流れる充電電流の値〔A〕として，最も近いものを次の(1)～(5)のうちから一つ選べ．

(1)　52.5　　(2)　75　　(3)　105　　(4)　120　　(5)　135

《H29-16》

解説

　(a)　3線を一括した場合は図(a)のように考えられます．等価回路は図(b)のとおりです．

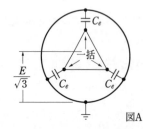

図A

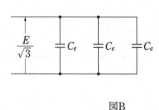

図B

よって静電容量 C_1 は

$$C_1 = 3C_e \qquad \therefore \ C_e = \frac{C_1}{3}$$

2線を接地した場合は図(c)のように考えられます．等価回路は図(d)のとおりです．

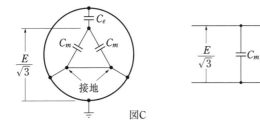

図C　　　　　　　　　　　　　　図D

よって，静電容量 C_2 は

$$C_2 = C_e + 2C_m \qquad \therefore \ C_m = \frac{C_2 - C_e}{2} = \frac{C_2 - \dfrac{C_1}{3}}{2} = \frac{3C_2 - C_1}{6}$$

対地静電容量 C_e と線間静電容量 C_m の比は

$$\frac{C_e}{C_m} = \frac{\dfrac{C_1}{3}}{\dfrac{3C_2 - C_1}{6}} = \frac{2C_1}{3C_2 - C_1}$$

本文の式(5.3)から静電容量と充電電流は比例しますから，C_1 と C_2 に題意の電流値を当てはめて

$$\frac{C_e}{C_m} = \frac{2 \times 90}{3 \times 45 - 90} = 4$$

(b)　(a)の結果から

$$C_m = \frac{C_e}{4}$$

となるので，作用静電容量は

$$C = C_e + 3C_m = C_e + \frac{3C_e}{4} = \frac{7}{4}C_e$$

充電電流 I_C は

$$I_C = \omega C \frac{E}{\sqrt{3}} = \omega \left(\frac{7}{4}C_e\right)\frac{E}{\sqrt{3}} = \frac{7}{4}\left(\omega C_e \frac{E}{\sqrt{3}}\right)$$

ここで，3線を一括した場合の充電電流 I_{C1} は

$$I_{C1} = \omega C_1 \frac{E}{\sqrt{3}} = \omega(3C_e)\frac{E}{\sqrt{3}} \qquad (\because C_1 = 3C_e)$$

これは難しい．静電容量の代わりに電流値を入れるんだね．

第5章　地中電線路

$$\therefore \ \omega C_e \frac{E}{\sqrt{3}} = \frac{I_{C1}}{3} = \frac{90}{3} = 30 \, \text{〔A〕}$$

よって

$$I_C = \frac{7}{4} \times 30 = 52.5 \, \text{〔A〕}$$

問題3

交流の地中送電線路に使用される電力ケーブルで発生する損失に関する記述として，誤っているものを次の(1)～(5)のうちから一つ選べ．

(1) 電力ケーブルの許容電流は，ケーブル導体温度がケーブル絶縁体の最高許容温度を超えない上限の電流であり，電力ケーブル内での発生損失による発熱量や，ケーブル周囲環境の熱抵抗，温度などによって決まる．

(2) 交流電流が流れるケーブル導体中の電流分布は，表皮効果や近接効果によって偏りが生じる．そのため，電力ケーブルの抵抗損では，ケーブルの交流導体抵抗が直流導体抵抗よりも増大することを考慮する必要がある．

(3) 交流電圧を印加した電力ケーブルでは，電圧に対して同位相の電流成分がケーブル絶縁体に流れることにより誘電体損が発生する．この誘電体損は，ケーブル絶縁体の誘電率と誘電正接との積に比例して大きくなるため，誘電率及び誘電正接の小さい絶縁体の採用が望まれる．

(4) シース損には，ケーブルの長手方向に金属シースを流れる電流によって発生するシース回路損と，金属シース内の過電流によって発生する過電流損とがある．クロスボンド接地方式の採用はシース回路損の低減に効果があり，導電率の高い金属シース材の採用は過電流損の低減に効果がある．

(5) 電力ケーブルで発生する損失のうち，最も大きい損失は抵抗損である．抵抗損の低減には，導体断面積の大サイズ化のほかに分割導体，素線絶縁導体の採用などの対策が有効である．

《H29-10》

解説

導電率が大きければ渦電流も大きくなります．

問題4

電圧66 kV，周波数50 Hz，こう長5 kmの交流三相3線式地中電線路がある．ケーブルの心線1線当たりの静電容量が0.43 μF/km，誘電正接が0.03%であるとき，このケーブル心線3線合計の誘電体損の値〔W〕として，最も近いものを次の(1)～(5)のうちから一つ選べ．

(1) 141　　(2) 294　　(3) 883　　(4) 1324　　(5) 2648

《H27-10》

解説

$$W = 2\pi f C V^2 \tan\delta$$
$$= 2 \times 3.14 \times 50 \times (0.43 \times 10^{-6} \times 5) \times (66 \times 10^3)^2 \times (0.03 \times 10^{-2}) \fallingdotseq 882.2 \, \text{〔W〕}$$

πの桁数を多くとれば計算結果が883〔W〕に近づきます.

問題5

地中電力ケーブルの送電容量を増大させる現実的な方法に関する記述として, 誤っているものは次のうちどれか.

(1) 耐熱性を高めた絶縁材料を採用する.

(2) 地中ケーブル線路に沿って布設した水冷管に冷却水を循環させ, ケーブルを間接的に冷却する.

(3) OFケーブルの絶縁油を循環・冷却させる.

(4) CVケーブルの絶縁体中に冷却水を循環させる.

(5) 導体サイズを大きくする.

〈H22-11〉

解説

CVケーブルの絶縁体中に冷却水を循環させることはありません. 外部からの冷却です.

第5章 地中電線路

5·3 故障点の評定と劣化診断

重要知識

出題項目 ● CHECK!

- □マーレーループ法
- □パルスレーダー法
- □静電容量法
- □絶縁劣化診断

5·3·1　マーレーループ法

ホイートストンブリッジの原理を応用した地絡点を特定する方法がマーレーループ法です．図5.10(a)のように健全相と故障相の導体の一端を短絡し，その逆側に滑り抵抗と検流計を接続します．

ケーブルの長さをL〔m〕，故障点までの距離をx〔m〕，単位長当たりの抵抗率をr〔Ω/m〕，滑り抵抗の全メモリを1 000，故障点の地絡抵抗をR_g〔Ω〕とします．メモリの読みがaのときに平衡状態となったとすると図5.10(b)のようになりますから故障点までの距離x〔m〕は

$$(1\,000-a)rx=r(2L-x)a$$

$$x=\frac{2La}{1\,000}=\frac{La}{500}\ \text{〔m〕} \quad\text{……………………………………} (5.7)$$

ここで，滑り抵抗の読みはそのまま抵抗値として扱っています．また，短絡線の長さはケーブルの全長に対して十分短いので無視しています．健全相として利用した導線は故障相と同じ特性のものを選ぶものとします（地絡抵抗R_gは挿入したものではなく地絡に対してい自然に発生したものです．図の読み間違いのないようにして下さい）．

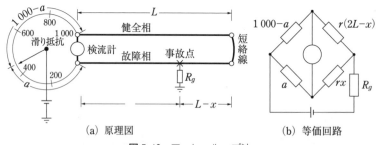

(a) 原理図　　　　　　　　(b) 等価回路

図5.10　マーレーループ法

地絡抵抗の大きさは故障点までの距離の計算には無関係ですが，その値が大きいと電流が小さくなって測定がうまくいきません．アナログ式の装置では50 mA程度の電流が必要であり，24 Vで測定したとすると約500 Ω程度以下であることが条件となります．

デジタル式の装置では，地絡抵抗が10 MΩを超える状態でも測定できるも

この方法は断線している場合は利用できないからね．

のがあります．地絡抵抗の値が不安定である場合は，測定前に高電圧を印加して故障点の炭化を行い安定化を図る必要があります．

5・3・2　パルスレーダー方法

　導体の端からパルスを発射して，それが故障点で反射して戻ってくるまでの時間を測定し位置を特定する方法がパルスレーダー法です（図5.11）．パルスは，断線や地絡などケーブルのもつ特性インピーダンスにギャップが生じている部分で反射します．

　ケーブルの長さを L〔m〕，故障点までの距離を x〔m〕，パルスの速度を v〔m/μs〕，パルスの往復にかかった時間を t〔μs〕とすると

$$x = \frac{vt}{2} \text{〔m〕} \quad\cdots\cdots\cdots\cdots\cdots\cdots\cdots\cdots\cdots\cdots\cdots (5.8)$$

　パルスの速度は，比誘電率を ε_s，比透磁率を μ_s，光速を c〔m/μs〕とすると

$$v = \frac{c}{\sqrt{\varepsilon_s \mu_s}} \text{〔m/μs〕} \quad\cdots\cdots\cdots\cdots\cdots\cdots\cdots\cdots\cdots (5.9)$$

で計算されます．通常，$\varepsilon_s = 3 \sim 3.5$，$\mu_s \fallingdotseq 1$，$c = 300$〔m/μs〕程度ですので，$v \fallingdotseq 160 \sim 170$〔m/μs〕ということになります．

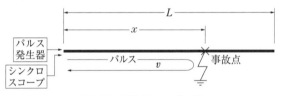

図5.11　パルスレーダー法

5・3・3　静電容量法

　静電容量はケーブルの長さと比例関係にあります．健全相と故障相の静電容量を比較して故障点を特定する方法が静電容量法です．ケーブルの長さを L〔m〕，故障点までの距離を x〔m〕，健全相と故障相の静電容量をそれぞれ C〔μF〕，C_x〔μF〕とすると　$L : x = C : C_x$ の関係が成り立ちます（図5.12）から，

$$Cx = C_x L \quad \therefore x = \frac{C_x}{C}L \text{〔m〕} \quad\cdots\cdots\cdots\cdots\cdots\cdots (5.10)$$

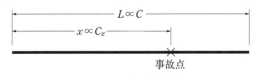

図5.12　静電容量法

こちらは，断線と地絡の両方で使えるよ．

断線している場合に使われる方法だよ．

第5章　地中電線路

5・3・4　絶縁劣化診断

　絶縁体が劣化すると誘電体損が大きくなります．劣化にはさまざまな原因があり，その一つに絶縁体内に割れ目が樹枝状に広がる現象があり，これをトリー現象といいます．水によって引き起こされる水トリー現象，油や薬品による化学トリー現象などがあります．表面に付着した塩分や汚れによって導電路が形成されて電流が流れ，その熱で劣化が促進されることをトラッキング現象といいます．外部からの熱やジュール熱による影響や経年劣化などもあります．

　劣化状態の診断方法としては，直流漏れ電流や絶縁抵抗の測定，部分放電の観測，誘電正接の測定，外観および形状の変化の観測などがあります．OFやPOFなどの油入りケーブルでは絶縁油中のガスの分析を行います．

● 試験の直前 ● CHECK!

□ **マーレーループ法**≫≫
$$x = \frac{2La}{1\,000} = \frac{La}{500}\ \text{(m)}$$

□ **パルスレーダー法**≫≫
$$x = \frac{vt}{2}\ \text{(m)}$$

□ **静電容量法**≫≫
$$x = \frac{C_x}{C}L\ \text{(m)}$$

□ **絶縁劣化診断**≫≫直流漏れ電流・絶縁抵抗の測定，部分放電の観測，誘電正接の測定，外観および形状の変化の観測，絶縁油中のガスの分析

国家試験問題

問題1

　次の文章は，マーレーループ法に関する記述である．

　マーレーループ法はケーブル線路の故障点位置を標定するための方法である．この基本原理は　(ア)　ブリッジに基づいている．図に示すように，ケーブルAの一箇所においてその導体と遮へい層の間に地絡故障を生じているとする．この場合に故障点の位置標定を行うためには，マーレーループ装置を接続する箇所の逆側端部において，絶縁破壊を起こしたケーブルAと，これに並行する絶縁破壊を起こしていないケーブルBの　(イ)　どうしを接続して，ブリッジの平衡条件を求める．ケーブル線路長をL，マーレーループ装置を接続した端部側から故障点までの距離をx，ブリッジの全目盛を1000，ブリッジが平衡したときのケーブルAに接続されたブリッジ端子までの

目盛の読みを a としたときに，故障点までの距離 x は ((ウ)) で示される.

　なお，この原理上，故障点の地絡抵抗が ((エ)) ことがよい位置標定精度を得るうえで必要である.

　ただし，ケーブル A，B は同一仕様，かつ，同一長とし，また，マーレーループ装置とケーブルの接続線，及びケーブルどうしの接続線のインピーダンスは無視するものとする.

　上記の記述中の空白箇所(ア)，(イ)，(ウ)および(エ)に当てはまる組合せとして，正しいものを次の(1)～(5)のうちから一つ選べ.

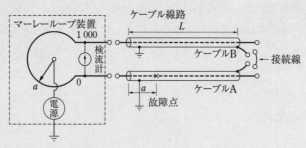

（選択肢は右側に記載）

	（ア）	（イ）	（ウ）	（エ）
(1)	シェーリング	導　体	$2L - \dfrac{aL}{500}$	十分高い
(2)	ホイートストン	導　体	$\dfrac{aL}{500}$	十分低い
(3)	ホイートストン	遮へい層	$\dfrac{aL}{500}$	十分低い
(4)	シェーリング	遮へい層	$2L - \dfrac{aL}{500}$	十分高い
(5)	ホイートストン	導　体	$\dfrac{aL}{500}$	十分高い

《H23-11》

第5章　地中電線路

解説

　本文 5·3·1 項「マーレーループ法」を参照して下さい．図 5.10 はケーブルの導体のみのものとしましたが，問題図では遮へい層が接地されている様子がわかります.

問題2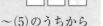

　地中送電線路の故障点位置標定に関する記述として，誤っているものを次の(1)～(5)のうちから一つ選べ.

(1)　マーレーループ法は，並行する健全相と故障相の 2 本のケーブルにおける一方の導体端部間にマーレーループ装置を接続し，他方の導体端部間を短絡してブリッジ回路を構成することで，ブリッジ回路の平衡条件から故障点を標定する方法である.

(2)　パルスレーダ法は，故障相のケーブルにおける健全部と故障点でのサージインピーダンスの

違いを利用して，故障相のケーブルの一端からパルス電圧を入力し，同位置で故障点からの反射パルスが返ってくる時間を測定することで故障点を標定する方法である．

(3)　静電容量測定法は，ケーブルの静電容量と長さが比例することを利用して，健全相と故障相のケーブルの静電容量をそれぞれ測定することで故障点を標定する方法である．

(4)　測定原理から，マーレーループ法は地絡事故に，静電容量測定法は断線事故に，パルスレーダ法は地絡事故と断線事故の双方に適用可能である．

(5)　各故障点位置標定法での測定回路で得た測定値に加えて，マーレーループ法では単位長さ当たりのケーブルの導体抵抗が，静電容量測定法ではケーブルのこう長が，パルスレーダ法ではケーブル中のパルス電圧の伝搬速度がそれぞれ与えられれば，故障点の位置標定ができる．

《H28-10》

解説

マーレーループ法での計算式は

$$x = \frac{2La}{1\,000} = \frac{La}{500} \ \text{(m)}$$

です．距離の計算に単位長当たりの抵抗値は必要ありません．

問題3

地中電線路の絶縁劣化診断方法として，関係ないものは次のうちどれか．
(1)　直流漏れ電流法
(2)　誘電正接法
(3)　絶縁抵抗法
(4)　マーレーループ法
(5)　絶縁油中ガス分析法

《H20-11》

解説

マーレーループ法は故障点の位置を知るための手段で絶縁劣化診断に利用するものではありません．

第6章　電気的要素

6・1　力率 …………………………………… 148

6・2　送受電端電圧と電力 ………………… 153

6・3　その他の電気的特性 ………………… 166

6·1 力率

● 出題項目 ● CHECK!

- □ 位相の遅れと進み
- □ 力率
- □ 力率の改善

6·1·1 電圧と電流の位相差

本節では，力率について説明します．まず，図6.1(a)ですが，回路内には抵抗 R のみがあります．この場合は抵抗を流れる電流 $\dot{I}_R$ とその両端電圧 $\dot{V}_R$ の位相は同じになります（図6.1(b)，図6.1(c)）．ただし，図6.1(c)で振幅（縦方向の大きさ）には意味がありません．電圧と電流の位相の関係を示しています．後述の図もすべて同じです．

注意してね．
ベクトルは $|\dot{I}|$ のように点が付いているよ．大きさは $|\dot{I}|=I$ となって，点がなくなっているからね．

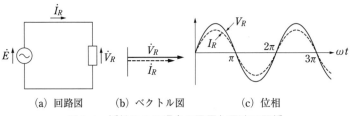

(a) 回路図　　(b) ベクトル図　　　(c) 位相

図6.1 抵抗のみの場合の電圧と電流の関係

図6.2(a)では回路内にコイルのみがあります．この場合はコイルを流れる電流 $\dot{I}_L$ はその両端電圧 $\dot{V}_L$ の位相から 90°（$\pi/2$〔rad〕）遅れます（図6.2(b)，図6.2(c)）．

ベクトルは半時計回りが進み，時計回りが遅れだね．

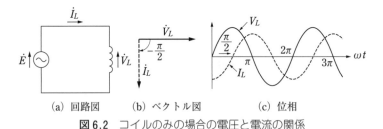

(a) 回路図　　(b) ベクトル図　　　(c) 位相

図6.2 コイルのみの場合の電圧と電流の関係

図6.3(a)では回路内にコンデンサのみがあります．この場合はコンデンサを流れる電流 $\dot{I}_C$ はその両端電圧 $\dot{V}_C$ の位相から 90°（$\pi/2$〔rad〕）進みます（図6.3(b)，図6.3(c)）．

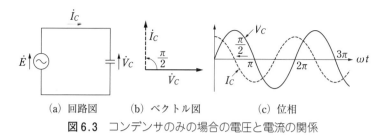

(a) 回路図　　　(b) ベクトル図　　　　(c) 位相

図 6.3 コンデンサのみの場合の電圧と電流の関係

6·1·2 力率

抵抗とコイルを組み合わせた場合（誘導性負荷）を考えます（図6.4(a)）．この場合 $\dot{Z}_{RL}$ の両端電圧 $\dot{V}_{RL}$ に対して電流 $\dot{I}_{RL}$ の位相は $\dot{I}_{RL}$ を基準に考えると，図6.4(b)のようになり θ 遅れます．波形は図6.4(c)のようになります．このときのインピーダンス $\dot{Z}_{RL}$，抵抗 $\dot{R}$，誘導性リアクタンス $\dot{X}_L$ の関係は図6.4(d)のようになり，式(6.1)が成立します．

$$\dot{Z}_{RL}=\dot{R}+\dot{X}_L \quad \Leftrightarrow \quad Z_{RL}=|R+jX_L|=\sqrt{R^2+X_L{}^2} \quad \cdots\cdots\cdots\cdots (6.1)$$

電力の関係は図6.4(e)のようになります．$\dot{S}_{RL}$ を**皮相電力**といい，その大きさの単位は VA です．また $\dot{Q}_L$ を**無効電力**，$\dot{P}$ を**有効電力**（消費電力）といい，その大きさの単位はそれぞれ var と W です．皮相電力 $\dot{S}_{RL}$ と有効電力 $\dot{P}$ の間の相差角 θ（力率角）の余弦（$\cos\theta$）を力率といい，正弦（$\sin\theta$）を無効率といいます．皮相電力に対する有効電力の割合が力率ということです．これらの関係は式(6.2)，(6.3)，(6.4)のとおりです．

$$P=S_{RL}\cos\theta \quad \cdots\cdots\cdots\cdots\cdots\cdots\cdots\cdots\cdots\cdots\cdots\cdots\cdots\cdots (6.2)$$

$$Q=S_{RL}\sin\theta \quad \cdots\cdots\cdots\cdots\cdots\cdots\cdots\cdots\cdots\cdots\cdots\cdots\cdots\cdots (6.3)$$

$$Q_L=P\tan\theta \quad \cdots\cdots\cdots\cdots\cdots\cdots\cdots\cdots\cdots\cdots\cdots\cdots\cdots\cdots (6.4)$$

ベクトルの大きさは三平方の定理で計算するんだね．

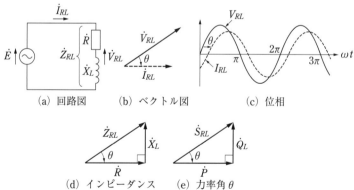

(a) 回路図　　　(b) ベクトル図　　　(c) 位相

(d) インピーダンス　　　(e) 力率角 θ

図 6.4 抵抗とコイルを組み合わせた場合の電圧と電流の関係

ベクトル図はコイルで位相が進んでいるように見えるけどそうじゃないよ．負荷分が皮相分に対して遅れていると解釈してね．

抵抗とコンデンサを組み合わせた場合（容量性負荷）の場合は図6.5のようになり θ 進みます．ベクトル図としては抵抗とコイルを組み合わせた場合と上下が逆になります．このときのインピーダンス $\dot{Z}_{RC}$，抵抗 $\dot{R}$，容量性リアクタンス $\dot{X}_C$ の関係は図6.5(d)のようになりますから，式(6.5)が成立します．

$$\dot{Z}_{RC} \doteq \dot{R} + \dot{X}_C \quad \Leftrightarrow \quad Z_{RC} = |R - jX_C| = \sqrt{R^2 + X_L{}^2} \quad \cdots\cdots\cdots\cdots (6.5)$$

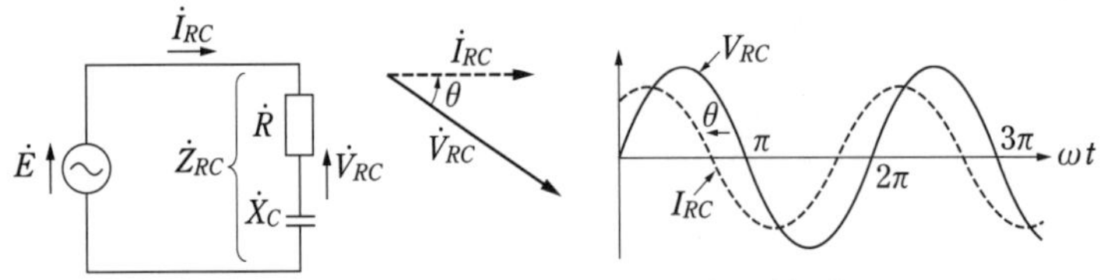

(a) 回路図	(b) ベクトル図	(c) 位相

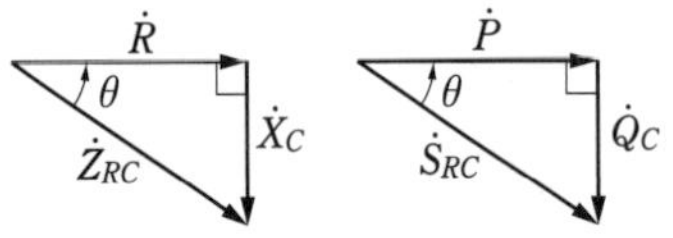

(d) インピーダンス　　(e) 力率角 θ

図 6.5 抵抗とコイルを組み合わせた場合の電圧と電流の関係

!Point

　式図 6.2〜6.4 は，コイルの要素をコンデンサの要素に置き換えればそのまま利用できます．また，図 6.4(d) および図 6.5(d) の各抵抗値に電流値を掛ければ電圧の関係となります．この考え方は，後述の電圧降下やフェランチ効果を学ぶ際に役立ちます．

　式(6.1)と式(6.5)の j は虚数単位といいその中身は $\sqrt{-1}$ です．$+j$ は位相が 90° 進んでいることを $-j$ であれば位相が 90° 遅れていることを意味します．

　式と図からコイルが進みでコンデンサが遅れのように考えてしまいそうですがそうではありません．遅れや進みというのは，電圧に対して電流がどのようになっているかということです．電圧と電流の位相差についての解説と合わせて考えてみてください．

6·1·3　力率改善

　一般的には負荷の接続は力率が遅れとなるような作用をします．皮相電力は電源から送り出される電力であり，負荷で消費される電力は有効電力です．つまり無効電力があることにより効率が悪化していることになるわけです．そこで，コンデンサ(進相コンデンサ)によって無効電力を打ち消すことで力率改善を図ります．

　図 6.6(a) のようにコンデンサ X_C を負荷(抵抗とコイルの直列部分)に対して並列に投入することで実現します．コンデンサによる無効電力を Q_C，力率改善後の皮相電力を S'，力率を $\cos\theta'$ とすると，その関係は図 6.6(b) のようになります．有効電力が変わらないとすると皮相電力が小さく(ベクトルが短く)なっているのが分かります．

負荷も進相コンデンサも全部並列だよ.

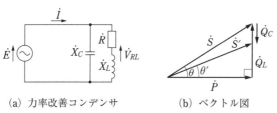

(a) 力率改善コンデンサ (b) ベクトル図

図6.6 力率改善

コイルやコンデンサではエネルギーの消費はありません．そのため無効電力は必要のないものと考えてしまいそうですが，送電線の電圧上昇を抑える目的とした無効電力制御等に利用されています．

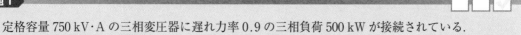

試験の直前 ● CHECK!

□ **コイルやコンデンサがある場合の電圧と電流の位相関係**(遅れ，進み)
□ **皮相電力**〔VA〕，**無効電力**〔var〕，**有効電力**(消費電力)〔W〕
□ **力率角**(θ)，**力率**($\cos\theta$)，**無効率**($\sin\theta$)
□ **進相コンデンサによる力率改善**

国家試験問題

問題 1

定格容量 750 kV·A の三相変圧器に遅れ力率 0.9 の三相負荷 500 kW が接続されている．

この三相変圧器に新たに遅れ力率 0.8 の三相負荷 200 kW を接続する場合，次の(a)及び(b)の問に答えよ．

(a) 負荷を追加した後の無効電力〔kvar〕の値として，最も近いものを次の(1)～(5)のうちから一つ選べ．

(1) 339 (2) 392 (3) 472 (4) 525 (5) 610

(b) この変圧器の過負荷運転を回避するために，変圧器の二次側に必要な最小の電力用コンデンサ容量〔kvar〕の値として，最も近いものを次の(1)～(5)のうちから一つ選べ．

(1) 50 (2) 70 (3) 123 (4) 203 (5) 256

《H24-17》

解説

(a) 定格容量 750 kVA の変圧器の消費電力を P_1，皮相電力を S_1，力率角を θ_1，三相負荷 200 kW の負荷の電力を P_2，皮相電力を S_2，力率角を θ_2 とすると，それらの関係のベクトル図は次図のとおりです．

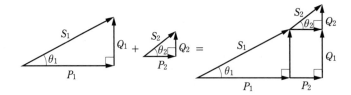

定格容量 750 kVA の変圧器の無効電力は

$$Q_1 = P_1 \tan \theta_1 = P_1 \times \frac{\sin \theta_1}{\cos \theta_1} = P_1 \times \frac{\sqrt{1 - \cos^2 \theta_1}}{\cos \theta_1}$$

$$= 500 \times \frac{\sqrt{1 - 0.9^2}}{0.9} \fallingdotseq 500 \times \frac{0.436}{0.9} \fallingdotseq 242.2 \text{ kvar}$$

三相負荷 200 kW の負荷の無効電力は

$$Q_2 = P_2 \tan \theta_2 = P_2 \times \frac{\sin \theta_2}{\cos \theta_2} = P_2 \times \frac{\sqrt{1 - \cos^2 \theta_2}}{\cos \theta_2}$$

$$= 200 \times \frac{\sqrt{1 - 0.8^2}}{0.8} = 200 \times \frac{0.6}{0.8} = 150 \text{ kvar}$$

よって全体の無効電力 Q は

$$Q = Q_1 + Q_2 = 242.2 + 150 = 392.2 \text{ kvar}$$

（b）　変圧器が過負荷とならないためには，負荷の皮相電力が変圧器の定格容量以下となればよいことになります．変圧器の定格容量を S，過負荷とならないための最大無効電力を Q' とすると，それらの関係は次図のとおりです．

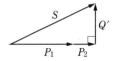

図の関係から Q' を求めます．

$$S^2 = (P_1 + P_2)^2 + Q'^2$$

$$\therefore \quad Q' = \sqrt{S^2 - (P_1 + P_2)^2} = \sqrt{750^2 - (500 + 200)^2} = \sqrt{72{,}500} \fallingdotseq 269.3 \text{ kvar}$$

必要最小の電力用コンデンサの容量 Q_C は

$$Q_C = Q - Q' = 392.2 - 269.3 = 122.9 \text{ kvar}$$

6・2 送受電端電圧と電力 重要知識

● 出題項目 ● CHECK!

- □ 送受電端電圧と電力
- □ 電圧降下
- □ フェランチ効果
- □ 安定度

6・2・1 送受電端電圧と電力

図6.7(a)のようにリアクタンスがX〔Ω〕，送電端および受電端の線間電圧がそれぞれV_s〔V〕，V_r〔V〕，そこを流れる電流がI〔A〕で線路損失のない（抵抗成分のない）線路について考えます．

6.1節の図6.2と比べながら考えてね.

負荷の力率角をθ（遅れ）とすると，リアクタンスに発生する電圧$\dot{I}X$の位相は電流に対して90°進んでいることになりますから，$\dot{V}_r$を基準としてベクトル図は図6.7(b)のようになります．図中のδは$\dot{V}_s$と$\dot{V}_r$の相差角です．

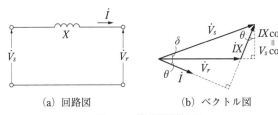

(a) 回路図　　　　(b) ベクトル図

図6.7 送受電端電圧

送電端の電力P_s〔W〕および受電端の電力P_r〔W〕は$P_s=P_r=V_rI\cos\theta$となります．この式の分母分子にXを掛けて図を参照しながら変形をすると，

$$P_s=P_r=V_rI\cos\theta=\frac{V_rIX\cos\theta}{X}=\frac{V_rV_s\sin\delta}{X} \quad\cdots\cdots\cdots\cdots\cdots (6.6)$$

となります．

6・2・2 電圧降下

前項に引き続き図6.8(a)のように線路損失（抵抗R〔Ω〕）のある場合を考えます．この場合のベクトル図は，図6.7(b)に電流と同相の抵抗分に発生する電圧$\dot{I}R$が加わり，図6.8(b)のようになります．

第6章 電気的要素

153

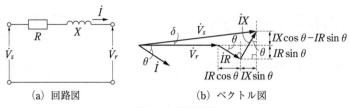

(a) 回路図　　　　　(b) ベクトル図

図 6.8　電圧降下

これらの関係により三平方の定理から次のようになります.

$$V_s{}^2 = (V_r + IR\cos\theta + IX\sin\theta)^2 + (IX\cos\theta - IR\sin\theta)^2 \quad \cdots\cdots (6.7)$$

相差角 δ は通常十分に小さいため

$$V_s \fallingdotseq V_r + IR\cos\theta + IX\sin\theta \quad \cdots\cdots\cdots\cdots (6.8)$$

としても問題ありません.

よって線路の電圧降下 $v\,〔V〕$ は

$$v = V_s - V_r = IR\cos\theta + IX\sin\theta = I(R\cos\theta + X\sin\theta) \quad \cdots\cdots (6.9)$$

これは 1 線当たりの電圧降下となりますので, 単相 2 線式では

$$v_1 = 2I(R\cos\theta + X\sin\theta) \quad \cdots\cdots\cdots\cdots (6.10)$$

三相 3 線式では次のようになります.

$$v_3 = \sqrt{3}\,I(R\cos\theta + X\sin\theta) \quad \cdots\cdots\cdots\cdots (6.11)$$

6・2・3　電圧降下率

送電端電圧 $(V_s\,〔V〕)$ と受電端電圧 $(V_r\,〔V〕)$ の差 (電圧降下 $v\,〔V〕$) を受電端電圧 $(V_r\,〔V〕)$ で割って百分率で表したものを電圧降下率 (ε) といいます.

$$\varepsilon = \frac{V_s - V_r}{V_r} \times 100 = \frac{v}{V_r} \times 100 \,〔\%〕 \quad \cdots\cdots\cdots\cdots\cdots\cdots\cdots (6.12)$$

6・2・4　電圧変動率

無負荷時の受電端電圧 $(V_{r0}\,〔V〕)$ と定格負荷時の受電端電圧 $(V_{r\max}\,〔V〕)$ の差を定格負荷時の受電端電圧 $(V_{r\max}\,〔V〕)$ で割って百分率で表したものを電圧変動率 (ε_r) といいます.

$$\varepsilon_r = \frac{V_{r0} - V_{r\max}}{V_{r\max}} \times 100 = \frac{v}{V_{r\max}} \times 100 \,〔\%〕 \quad \cdots\cdots\cdots\cdots (6.13)$$

6・2・5　電力損失率

電力損失と受電端電力で割って百分率で表したものを電力損失率といいます.

線電流を $I\,〔A〕$, 受電端電圧を $V\,〔V〕$, 負荷力率 (受電端力率) を $\cos\theta$, 1 線

当たりの抵抗を R〔Ω〕とすると,

単相2線式の場合,電力損失は $P_{l1}=2I^2R$〔W〕,

受電端電力は $P_1=IV\cos\theta$〔W〕ですから,電力損失率 p_1 は

$$p_1=\frac{P_{l1}}{P_1}\times100=\frac{2I^2R}{IV\cos\theta}\times100=\frac{2IR}{V\cos\theta}\times100$$

$$=\frac{2R}{V\cos\theta}\times\frac{P_1}{V\cos\theta}\times100=\frac{2RP_1}{(V\cos\theta)^2}\times100\,〔\%〕\cdots\cdots\cdots\cdots(6.14)$$

三相3線式の場合,電力損失は $P_{l3}=3I^2R$〔W〕,受電端電力は $P_3=\sqrt{3}IV\cos\theta$〔W〕ですから,電力損失率 p_3 は

$$p_3=\frac{P_{l3}}{P_3}\times100=\frac{3I^2R}{\sqrt{3}IV\cos\theta}\times100=\frac{\sqrt{3}IR}{V\cos\theta}\times100$$

$$=\frac{\sqrt{3}R}{V\cos\theta}\times\frac{P_3}{\sqrt{3}V\cos\theta}\times100=\frac{RP_3}{(V\cos\theta)^2}\times100\,〔\%〕\quad\cdots\cdots\cdots\cdots(6.15)$$

6・2・6　フェランチ効果

　夜間などの負荷の軽減や停止などにより電流位相の遅れが解消され,送電線路の静電容量の影響により電流が進み位相となり,受電端の電圧が送電端の電圧より高くなる現象をフェランチ効果といいます.

　送電線のこう長(距離)が長い場合,対地静電容量の大きくなる地中配電線路などでその現象が著しくなります.線路の回路図は図6.8(a)と同じですが,電流が進み位相となるので図6.9のようになります.図では分かりづらいですが,送電端電圧 V_s よりも受電端電圧 V_r の方が大きくなっています.

1890 年に米国で発見されたんだよ.

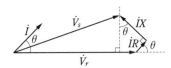

図6.9　フェランチ効果

フェランチ効果を改善する方法としては,次のようなものが考えられます.
① 進相コンデンサを開放する.
② 分路リアクトルを投入し進み電流を打ち消す(力率改善と逆の発想).

6・2・7　π形回路

　送電端電圧 $\dot{V}_s$〔V〕,受電端電圧 $\dot{V}_r$〔V〕,インピーダンス $\dot{Z}$〔Ω〕,静電容量としての並列アドミタンス $\dot{Y}$〔S〕を図6.9のように両端に半分ずつ配置した線路の近似法をπ形回路といいます.

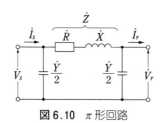

図 6.10 π 形回路

まず, 受電端を開放します. このときの送電端電流は $\dot{I}_r=0$ 〔A〕です. この
とき $\dot{V}_r$ は $\dot{V}_s$ を $\dot{Z}$ と $\dot{Y}/2$ を分圧したものとして計算できます. アドミタンス
はインピーダンスの逆数ですから $\dot{Y}/2$ を $2/\dot{Y}$ として

$$\dot{V}_r=\frac{\dfrac{2}{\dot{Y}}}{\dfrac{2}{\dot{Y}}+\dot{Z}}\dot{V}_s=\frac{2}{2+\dot{Y}\dot{Z}}\dot{V}_s=\frac{1}{1+\dfrac{\dot{Y}\dot{Z}}{2}}\dot{V}_s$$

$$\therefore\quad \dot{V}_s=\left(1+\frac{\dot{Y}\dot{Z}}{2}\right)\dot{V}_r \cdots\cdots\cdots\cdots\cdots\cdots\cdots\cdots\cdots(6.16)$$

送電端電流 $\dot{I}_s$ 〔A〕は, 受電端側の $\dot{Y}/2$ に流れる電流と $\dot{Z}$ に流れる電流の
合計となりますから

$$\dot{I}_s=\frac{\dot{Y}}{2}\dot{V}_s+\frac{\dot{V}_s-\dot{V}_r}{\dot{Z}}=\left(\frac{\dot{Y}}{2}+\frac{1}{\dot{Z}}\right)\dot{V}_s-\frac{\dot{V}_r}{\dot{Z}}=\left(\frac{\dot{Y}}{2}+\frac{1}{\dot{Z}}\right)\left(1+\frac{\dot{Y}\dot{Z}}{2}\right)\dot{V}_r-\frac{\dot{V}_r}{\dot{Z}}$$

$$=\left(\frac{\dot{Y}}{2}+\frac{\dot{Y}^2\dot{Z}}{4}+\frac{1}{\dot{Z}}+\frac{\dot{Y}}{2}-\frac{1}{\dot{Z}}\right)\dot{V}_r=\left(\dot{Y}+\frac{\dot{Y}^2\dot{Z}}{4}\right)\dot{V}_r=\dot{Y}\left(1+\frac{\dot{Y}\dot{Z}}{4}\right)\dot{V}_r$$

$$\cdots\cdots\cdots\cdots\cdots\cdots\cdots\cdots\cdots\cdots\cdots\cdots\cdots\cdots\cdots\cdots(6.17)$$

受電端は開放されていますので, $\dot{I}_r$ は受電端側の $\dot{Y}/2$ をながれるものと考
えます.

次に, 受電端を短絡します. このときは $\dot{V}_r=0$ 〔V〕です. このとき受電端
電流 $\dot{I}_r$ 〔A〕は $\dot{I}_s$ を受電端側の $\dot{Y}/2$ と $\dot{Z}$ の分流として計算できますから, 次
のようになります.

$$\dot{I}_r=\frac{\dfrac{2}{\dot{Y}}}{\dfrac{2}{\dot{Y}}+\dot{Z}}\dot{I}_s=\frac{2}{2+\dot{Y}\dot{Z}}\dot{I}_s=\frac{1}{1+\dfrac{\dot{Y}\dot{Z}}{2}}\dot{I}_s \qquad \therefore\quad \dot{I}_s=\left(1+\frac{\dot{Y}\dot{Z}}{2}\right)\dot{I}_r$$

$$\cdots\cdots\cdots\cdots\cdots\cdots\cdots\cdots\cdots\cdots\cdots\cdots\cdots\cdots\cdots\cdots(6.18)$$

さらに, $\dot{V}_s$ と $\dot{I}_r$ の関係は,

$$\dot{V}_s=\dot{Z}\dot{I}_r \cdots\cdots\cdots\cdots\cdots\cdots\cdots\cdots\cdots\cdots\cdots\cdots\cdots\cdots(6.19)$$

となります.

以上の計算をもう一歩進めると四端子定数の説明になりますが, ここでは省

略します(次に解説する T 型回路の計算についても同様です). ここでの解説だけでは何の役に立つのかよくわからないと思いますが, フェランチ効果に関連した計算問題に応用できます.

6·2·8 T形回路

送電端電圧 $\dot{V}_s$〔V〕, 受電端電圧 $\dot{V}_r$〔V〕, 静電容量としての並列アドミタンス $\dot{Y}$〔S〕, インピーダンス $\dot{Z}$〔Ω〕を図 6.11 のように両端に半分ずつ配置した線路の近似法を T 形回路といいます. π 形回路と同様に計算を進めていきます.

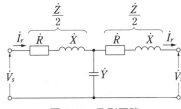

図 6.11 T 形回路

受電端開放時は $\dot{I}_r=0$〔A〕です. このとき $\dot{V}_r$ は, $\dot{V}_s$ を送電端側の $\dot{Z}/2$ と $\dot{Y}$ とを分圧して次のように計算できます.

$$\dot{V}_r=\frac{\dfrac{1}{\dot{Y}}}{\dfrac{1}{\dot{Y}}+\dfrac{\dot{Z}}{2}}\dot{V}_s=\frac{1}{1+\dfrac{\dot{Y}\dot{Z}}{2}}\dot{V}_s \qquad \therefore \quad \dot{V}_s=\left(1+\frac{\dot{Y}\dot{Z}}{2}\right)V_r \quad \cdots(6.20)$$

$\dot{V}_r$ は $\dot{Y}$ の両端電圧となりますから

$$\dot{I}_s=\dot{Y}\dot{V}_r \quad \cdots\cdots\cdots\cdots\cdots\cdots\cdots\cdots\cdots\cdots\cdots\cdots\cdots\cdots\cdots\cdots\cdots(6.21)$$

受電端短絡時は $\dot{E}_r=0$ です. $\dot{I}_r$〔A〕は, $\dot{I}_s$ を $\dot{Y}$ と受電端側の $\dot{Z}/2$ との分流として計算できますから,

$$\dot{I}_r=\frac{\dfrac{1}{\dot{Y}}}{\dfrac{1}{\dot{Y}}+\dfrac{\dot{Z}}{2}}\dot{I}_s=\frac{1}{1+\dfrac{\dot{Y}\dot{Z}}{2}}\dot{I}_s \qquad \therefore \quad \dot{I}_s=\left(1+\frac{\dot{Y}\dot{Z}}{2}\right)\dot{I}_r \quad \cdots\cdots(6.22)$$

$\dot{E}_s$ は, 送電端側の $\dot{Z}/2$ と受電端側の $\dot{Z}/2$ における電圧の合計となりますから,

$$\dot{V}_s=\frac{\dot{Z}}{2}\dot{I}_s+\frac{\dot{Z}}{2}\dot{I}_r=\frac{\dot{Z}}{2}\left(1+\frac{\dot{Y}\dot{Z}}{2}\right)\dot{I}_r+\frac{\dot{Z}}{2}\dot{I}_r=\left(\frac{\dot{Z}}{2}+\frac{\dot{Y}\dot{Z}^2}{4}+\frac{\dot{Z}}{2}\right)\dot{I}_r$$

$$=\left(\dot{Z}+\frac{\dot{Y}\dot{Z}^2}{4}\right)\dot{I}_r=\dot{Z}\left(1+\frac{\dot{Y}\dot{Z}}{4}\right)\dot{I}_r \quad \cdots\cdots\cdots\cdots\cdots\cdots\cdots(6.23)$$

仕上げは国家試験問題でね.

6・2・9　安定度

同期発電機の並行運転を安定に継続できる度合いを安定度といいます. 表6.1 にその内容を分類しておきます.

表6.1　安定度

種　類	内　容
定態安定度	非常に緩やかな系統変動（負荷の増加など）で変動から十数秒以降の現象に対して安定に送電しうる度合い. 制御系を考慮しない固有定態安定度と制御系を考慮する動的定態安定度があります. このときに送電可能な最大電力を定態安定極限電力といいます.
過渡安定度	電力系統に急激な変動で変動から数秒程度までの時間領域で安定状態に回復し送電できる度合い. この時に送電可能な最大電力を過渡安定極限電力といいます.
中間領域安定度	定態安定度と過渡安定度の間の時間領域の現象.

● 試験の直前 ● CHECK!

□ **送受電端電力**≫

$$P_s = P_r = \frac{V_r V_s \sin \delta}{X}$$

□ **電圧降下**≫

単相2線式　　　$v_1 = 2I(R\cos\theta + X\sin\theta)$

三相3線式　　　$v_3 = \sqrt{3}I(R\cos\theta + X\sin\theta)$

□ **電圧降下率**≫

$$\varepsilon = \frac{V_s - V_r}{V_r} \times 100 = \frac{v}{V_r} \times 100 \,〔\%〕$$

□ **電圧変動率**≫

$$\varepsilon_r = \frac{V_{r0} - V_{r\max}}{V_{r\max}} \times 100 = \frac{v}{V_{r\max}} \times 100 \,〔\%〕$$

□ **電力損失率**≫

単相2線式　　　$p_1 = \dfrac{2IR}{V\cos\theta} \times 100 = \dfrac{2RP_1}{(V\cos\theta)^2} \times 100 \,〔\%〕$

三相3線式　　　$p_3 = = \dfrac{\sqrt{3}IR}{V\cos\theta} \times 100 = \dfrac{RP_1}{(V\cos\theta)^2} \times 100 \,〔\%〕$

□ **フェランチ効果**≫進相コンデンサの開放, 分流リアクトルの投入

□ **π形回路**≫

$$\dot{V}_s = \left(1 + \frac{\dot{Y}\dot{Z}}{2}\right)\dot{V}_r, \quad \dot{I}_s = \dot{Y}\left(1 + \frac{\dot{Y}\dot{Z}}{4}\right)\dot{V}_r, \quad \dot{I}_s = \left(1 + \frac{\dot{Y}\dot{Z}}{2}\right)\dot{I}_r, \quad \dot{V}_s = \dot{Z}\dot{I}_r$$

□ **T形回路**≫

$$\dot{V}_s = \left(1 + \frac{\dot{Y}\dot{Z}}{2}\right)\dot{V}_r, \quad \dot{I}_s = \dot{Y}\dot{V}_r, \quad \dot{I}_s = \left(1 + \frac{\dot{Y}\dot{Z}}{2}\right)\dot{I}_r, \quad \dot{V}_s = \dot{Z}\left(1 + \frac{\dot{Y}\dot{Z}}{4}\right)\dot{I}_r$$

□ **安定度**≫定態安定度, 過渡安定度, 中間領域安定度

問題1

　図に示すように，線路インピーダンスが異なる A，B回線で構成される 154 kV 系統があったとする．A回線側にリアクタンス5%の直列コンデンサが設置されているとき，次の(a)及び(b)の問に答えよ．なお，系統の基準容量は，10 MV・A とする．

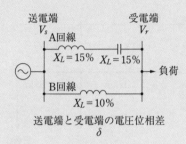

送電端と受電端の電圧位相差
δ

(a)　図に示す系統の合成線路インピーダンスの値〔%〕として，最も近いものを次の(1)～(5)のうちから一つ選べ．

(1)　3.3　　(2)　5.0　　(3)　6.0　　(4)　20.0　　(5)　30.0

(b)　送電端と受電端の電圧位相差 δ が30度であるとき，この系統での送電電力 P の値〔MW〕として，最も近いものを次の(1)～(5)のうちから一つ選べ．

　ただし，送電端電圧 V_s，受電端電圧 V_r は，それぞれ 154 kV とする．

(1)　17　　(2)　25　　(3)　83　　(4)　100　　(5)　152

《H27-17》

解説

(a)　抵抗の並列の計算のイメージで計算を進めて下さい．

$$\%Z = \cfrac{1}{\cfrac{1}{jX_{AL} - jX_{AC}} + \cfrac{1}{jX_{BL}}} = \frac{(jX_{AL} - jX_{AC}) \times jX_{BL}}{(jX_{AL} - jX_{AC}) + jX_{BL}}$$

$$= \frac{(j15 - j5) \times j10}{(j15 - j5) + j10} = \frac{j10 \times j10}{j10 + j10} = j5\ \%$$

(b)　%インピーダンスで解説した式2·14からインピーダンス Z〔Ω〕を求めます．

$$\%Z = \frac{ZP_n}{V_n^2} \times 100\ \text{〔%〕}$$

よって

$$Z = \frac{\%Z V_n^2}{100 P_n} = \frac{5 \times (154 \times 10^3)^2}{100 \times (10 \times 10^6)} = 118.58\ \Omega$$

%Zの復習をやってね．

第6章　電気的要素

159

この値と題意より

$$P=\frac{V_r V_s \sin \delta}{Z}=\frac{(154 \times 10^3) \times (154 \times 10^3) \times \sin 30°}{118.58}=100 \times 10^6 = 100 \text{ MW}$$

問題2

　図は単相2線式の配電線路の単線図である．電線1線当たりの抵抗と長さは，a-b間で0.3 Ω /km，250 m，b-c間で0.9 Ω/km，100 mとする．次の(a)及び(b)に答えよ．

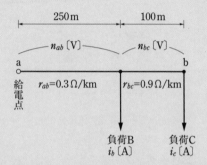

(a)　b-c間の1線の電圧降下 V_{bc}〔V〕及び負荷Bと負荷Cの負荷電流 i_b, i_c〔A〕として，正しい ものを組み合わせたものは次のうちどれか．

　　ただし，給電点aの線間の電圧値と負荷点cの線間の重圧値の差を12.0 Vとし，a－b間の 1線の電圧降下 V_{ab}= 3.75 Vとする．負荷の力率はいずれも100 %，線路リアクタンスは無視 するものとする．

	V_{bc}〔V〕	i_b〔A〕	i_c〔A〕
(1)	2.25	10.0	40.0
(2)	2.25	25.0	25.0
(3)	4.50	10.0	25.0
(4)	4.50	0.0	50.0
(5)	8.25	50.0	91.7

(b)　次に，図の配電線路で抵抗に加えて a－c間の往復線路のリアクタンスを考慮する．このリ アクタンスを0.1 Ωとし，b点には無負荷で i_b= 0 A，c点には受電電圧が100 V，遅れ力率0. 8，1.5 kWの負荷が接続されているものとする．

　　このとき，給電点aの線間の電圧値と負荷点cの線間の電圧値 V の差として，最も近いのは 次のうちどれか．

(1)　3.0　　　(2)　4.9　　　(3)　5.3　　　(4)　6.1　　　(5)　37.1

《H22-17》

解 説

(a) 単相2線式ですから1線当たりの電圧降下 v_{ac}〔V〕は

$$v_{ac} = \frac{12.0}{2} = 6.0 \text{ V}$$

よって b-c 間の電圧降下 v_{bc}〔V〕は

$$v_{bc} = v_{ac} - v_{ab} = 6.0 - 3.75 = 2.25 \text{ V}$$

b-c 間の1線当たりの抵抗値 R_{bc}〔Ω〕は，0.9 Ω/km で長さが 100 m = 0.1 km ですから，

$$R_{bc} = 0.9 \times 0.1 = 0.09 \text{ Ω}$$

よって負荷電流 i_c〔A〕は

$$i_c = \frac{v_{bc}}{R_{bc}} = \frac{2.25}{0.09} = 25 \text{ A}$$

a-b 間の1線当たりの抵抗値 R_{ab}〔Ω〕は，0.3 Ω/km で長さが 250m = 0.25km ですから，

$$R_{ab} = 0.3 \times 0.25 = 0.075 \text{ Ω}$$

よって a-b 間の電流 i_{ab}〔A〕は

$$i_{ab} = \frac{v_{ab}}{R_{ab}} = \frac{3.75}{0.075} = 50 \text{ A}$$

負荷電流 i_b〔A〕は，i_{ab} から i_c を差し引いたものとなりますから

$$i_b = i_{ab} - i_c = 50 - 25 = 25 \text{ A}$$

(b) a-c 間の1線当たりの抵抗値 R_{ac}〔Ω〕は，

$$R_{ac} = R_{ab} + R_{bc} = 0.075 + 0.09 = 0.165 \text{ Ω}$$

a-c 間の1線当たりのリアクタンス x〔Ω〕は，

$$x = \frac{0.1}{2} = 0.05 \text{ Ω}$$

負荷の有効電力 P〔W〕，c 点の受電電圧 v_c〔V〕，負荷電流 i_c〔A〕，力率 $\cos\theta$ の関係は

$$P = v_c i_c \cos\theta$$

となりますから負荷電流 i_c〔A〕は

$$i_c = \frac{P}{v_c \cos\theta} = \frac{1.5 \times 10^3}{100 \times 0.8} = 18.75 \text{ A}$$

以上の値を電圧降下の式に代入して a-c 間の電圧の差（電圧降下）v_{ac}〔V〕を求めます．

$$v_{ac} = 2i_c(R_{ac}\cos\theta + x\sin\theta) = 2i_c(R_{ac}\cos\theta + x\sqrt{1-\cos^2\theta})$$
$$= 2 \times 18.75 \times (0.165 \times 0.8 + 0.05 \times \sqrt{1-0.8^2}) = 6.075 \text{ V}$$

(p.159〜160 の解答) **問題1** →(a)−(2)，(b)−(4) **問題2** →(a)−(2)，(b)−(4)

問題3

　三相3線式配電線路の受電端に遅れ力率0.8の三相平衡負荷60 kW（一定）が接続されている．次の(a)及び(b)の問に答えよ．

　ただし，三相負荷の受電端電圧は6.6 kV 一定とし，配電線路のこう長は2.5 km，電線1線当たりの抵抗は0.5 Ω/km，リアクタンスは0.2 Ω/kmとする．なお，送電端電圧と受電端電圧の位相角は十分小さいものとして得られる近似式を用いて解答すること．また，配電線路こう長が短いことから，静電容量は無視できるものとする．

(a)　この配電線路での抵抗による電力損失の値〔W〕として，最も近いものを次の(1)～(5)のうちから一つ選べ．

　(1)　22　　(2)　54　　(3)　65　　(4)　161　　(5)　220

(b)　受電端の電圧降下率を2.0%以内にする場合，受電端でさらに増設できる負荷電力（最大）の値〔kW〕として，最も近いものを次の(1)～(5)のうちから一つ選べ．ただし，負荷の力率（遅れ）は変わらないものとする．

　(1)　476　　(2)　536　　(3)　546　　(4)　1280　　(5)　1340

《R1-17》

解　説

(a)　1線当たりの抵抗 R〔Ω〕とリアクタンス X〔Ω〕は，こう長が2.5 kmですから

$$R = 0.5 \times 2.5 = 1.25 \ \Omega$$
$$X = 0.2 \times 2.5 = 0.5 \ \Omega$$

負荷の有効電力 P〔W〕，受電電圧 V〔V〕，線路電流（負荷電流）I〔A〕，力率 $\cos\theta$ の関係は，

$$P = \sqrt{3}\,VI\cos\theta$$

したがって，

$$I = \frac{P}{\sqrt{3}\,V\cos\theta} = \frac{60 \times 10^3}{\sqrt{3} \times 6.6 \times 10^3 \times 0.8} \fallingdotseq 6.56 \ \text{A}$$

よって3線分の電力損失 P_L〔W〕は

$$P_L = 3I^2 R = 3 \times 6.56^2 \times 1.25 \fallingdotseq 161.4 \ \text{W}$$

(b)　電圧降下を v〔V〕，受電端電圧を V_r〔V〕とすると，電圧降下率 ε〔%〕は

$$\varepsilon = \frac{V_s - V_r}{V_r} \times 100 = \frac{v}{V_r} \times 100$$

よって，電圧降下率が2%の場合の電圧降下は

$$v = \frac{\varepsilon V_r}{100} = \frac{2.0 \times (6.6 \times 10^3)}{100} = 132 \ \text{V}$$

三相3線式の電圧降下は

$$v = \sqrt{3}\, I(R\cos\theta + X\sin\theta)$$

上式より電圧降下が 132〔V〕の場合の電流 I〔A〕を求めます.

$$I = \frac{v}{\sqrt{3}\,(r\cos\theta + x\sin\theta)} = \frac{v}{\sqrt{3}\,(r\cos\theta + x\sqrt{1-\cos^2\theta}))}$$

$$= \frac{132}{\sqrt{3}(1.25\times0.8 + 0.5\times\sqrt{1-0.8^2}} = \frac{132}{1.3\sqrt{3}}\ \text{A}$$

以上より電圧降下率 2% の場合の負荷電力 P〔W〕は

$$P = \sqrt{3}\,VI\cos\theta = \sqrt{3}\times(6.6\times10^3)\times\frac{132}{1.3\sqrt{3}}\times0.8 = 536\times10^3 = 536\,\text{kW}$$

現在 60 kW が接続されていますから，増設できる最大値は

$$536 - 60 = 476\,\text{kW}$$

問題 4

送配電線路のフェランチ効果に関する記述として，誤っているものを次の(1)〜(5)のうちから一つ選べ.

(1)　受電端電圧の方が送電端電圧より高くなる現象である.

(2)　線路電流が大きい場合より著しく小さい場合に生じることが多い.

(3)　架空送配電線路の負荷側に地中送配電線路が接続されている場合に生じる可能性が高くなる.

(4)　線路電流の位相が電圧に対して遅れている場合に生じることが多い.

(5)　送配電線路のこう長が短い場合より長い場合に生じることが多い.

《H24-12》

解　説

本文 6·2·6 項の解説を参考にして下さい.

問題 5

送電線のフェランチ現象に関する問である．三相3線式1回線送電線の一相が図のπ形等価回路で表され，送電線路のインピーダンス $jX = j\,200\,\Omega$，アドミタンス $jB = j\,0.800\,\text{mS}$ とし，送電端の線間電圧が 66.0 kV であり，受電端が無負荷のとき，次の(a)及び(b)の問に答えよ.

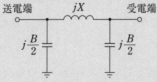

(a)　受電端の線間電圧の値〔kV〕として，最も近いものを次の(1)〜(5)のうちから一つ選べ.

(1)　66.0　　(2)　71.7　　(3)　78.6　　(4)　114　　(5)　132

(b)　1線当たりの送電端電流の値〔A〕として，最も近いものを次の(1)〜(5)のうちから一つ選べ.

(1)　15.2　　(2)　16.6　　(3)　28.7　　(4)　31.8　　(5)　55.1

《R1-16》

解説

(a)　π形回路で解説した次式が適用できます.

π回路の式をちょっと変形.

$$\dot{V_s}=\left(1+\frac{\dot{Y}\dot{Z}}{2}\right)\dot{V_r} \quad \Leftrightarrow \quad \dot{V_r}=\frac{1}{1+\frac{\dot{Y}\dot{Z}}{2}}\dot{V_s}$$

これに題意の数値を代入すると

$$\dot{V_r}=\frac{1}{1+\frac{jXjB}{2}}\dot{V_s}=\frac{1}{1+\frac{j200\times j(0.800\times10^{-3})}{2}}\times(66.0\times10^3)$$

$$=\frac{1}{1-0.08}\times66.0\times10^3\fallingdotseq71.7\times10^3=71.7\,\text{kV}$$

(b)　同じく次式が適用できます.

$$\dot{I_s}=\dot{Y}\left(1+\frac{\dot{Y}\dot{Z}}{4}\right)\dot{V_r}$$

これに題意の数値を代入すると

$$\dot{I_s}=jB\left(1+\frac{jXjB}{4}\right)\dot{V_r}=(j0.800\times10^{-3})\times\left\{1+\frac{j200\times j(0.800\times10^{-3})}{4}\right\}\times(71.7\times10^3)$$

$$=(j0.800\times10^{-3})\times(1-0.04)\times(71.7\times10^3)\fallingdotseq j55.1\,\text{A}$$

三相3線式ですから1線当たりの電流は$\dot{I_s}'$〔A〕は

$$\dot{I_s}'=\frac{\dot{I_s}}{\sqrt{3}}=\frac{j55.1}{\sqrt{3}}\fallingdotseq j31.8\,\text{A}$$

問題6

　三相3線式1回線無負荷送電線の送電端に線間電圧 66.0 kV を加えると, 受電端の線間電圧は 72.0 kV, 1線当たりの送電端電流は 30.0 A であった. この送電線が, 線路アドミタンスB〔mS〕と線路リアクタンスX〔Ω〕を用いて, 図に示す等価回路で表現できるとき, 次の(a)及び(b)の問に答えよ.

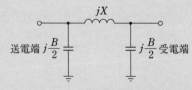

(a)　線路アドミタンスB〔mS〕の値として, 最も近いものを次の(1)～(5)のうちから一つ選べ.

　(1)　0.217　　(2)　0.377　　(3)　0.435　　(4)　0.545　　(5)　0.753

(b)　線路リアクタンスX〔Ω〕の値として, 最も近いものを次の(1)～(5)のうちから一つ選べ.

　(1)　222　　(2)　306　　(3)　384　　(4)　443　　(5)　770

《H24-16》

解 説

(a) 問題 5 と同じく π 形回路の次式を適用します.

$$\dot{I_s}=\dot{Y}\left(1+\frac{\dot{Y}\dot{Z}}{4}\right)\dot{V_r}$$

問題 6 とよく似てるね.

1 線当たりの送電端電流は 30.0 A ですから,三相電流は $30\sqrt{3}$ A となります.

$$30\sqrt{3}=jB\left(1+\frac{jXjB}{4}\right)\times(72.0\times10^3)$$

$$30\sqrt{3}=jB\left(1-\frac{XB}{4}\right)\times72.0\times10^3$$

ここで,XB の値は次式から求めることができます.

$$\dot{V_s}=\left(1+\frac{\dot{Y}\dot{Z}}{2}\right)\dot{V_r}$$

数値を代入すると

$$66.0\times10^3=\left(1+\frac{jXjB}{2}\right)\times(72.0\times10^3)$$

$$66.0=\left(1-\frac{XB}{2}\right)\times72.0 \qquad \therefore \qquad XB=\frac{1}{6}$$

よって

$$30\sqrt{3}=jB\left(1-\frac{XB}{4}\right)\times72.0\times10^3=jB\left(1-\frac{\frac{1}{6}}{4}\right)\times72.0\times10^3$$

$$=jB\times\frac{23}{24}\times72.0\times10^3=jB\times69.0\times10^3$$

$$\therefore \quad jB=\frac{30\sqrt{3}}{69.0\times10^3}\fallingdotseq0.753\times10^{-3}=0.753\ \text{mS}$$

(b) (a)の計算過程でほぼ解答が得られています.

$$XB=\frac{1}{6}$$

$$X=\frac{1}{6B}=\frac{1}{6\times0.753\times10^{-3}}\fallingdotseq221.3\ \Omega$$

第6章 電気的要素

6・3 その他の電気的特性

● 出題項目 ● CHECK!

- ☐ 電線の抵抗
- ☐ ループ式線路

6・3・1 電線の抵抗

電線の抵抗率を ρ 〔Ω・mm^2/m〕，断面積を S 〔mm^2〕，長さを l 〔m〕とすると抵抗値 R 〔Ω〕は

$$R=\rho\frac{l}{S} \ 〔\Omega〕 \cdots\cdots\cdots\cdots\cdots\cdots\cdots\cdots\cdots\cdots\cdots\cdots\cdots(6.24)$$

で計算できます．これだけですと簡単ですが，国家試験ではこれに電力の知識を組み合わせたものが出題されています．

6・3・2 ループ式線路

2線式の直流または単相交流で線路のリアクタンスが無視できるループ式線路を想定します（図6.12）．

A点には電流 I_A 〔A〕が流れ込み，B点からE点までそれぞれ I_A 〔A〕，I_B 〔A〕，I_C 〔A〕，I_D 〔A〕とし，AB間，BC間，CD間，DE間，EA間の1線当たりの抵抗値を R_{AB} 〔Ω〕，R_{BC} 〔Ω〕，R_{CD} 〔Ω〕，R_{DE} 〔Ω〕，R_{EA} 〔Ω〕とします．

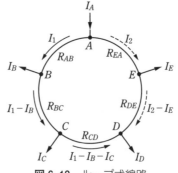

図6.12 ループ式線路

I_A はA点で反時計回りの電流 I_1 〔A〕と時計回り I_2 〔A〕に別れます．$I_A=(I_B+I_C)$ 〔A〕I_1 ということです．ここから先はD点の状態を例にして解説します．

(1) D点の電流

図から分かるように，反時計回りにD点に流れ込む電流は $(I_1-I_B-I_C)$ 〔A〕となります．同様に時計回りでは (I_2-I_E) 〔A〕です．

よって，$I_D=\{(I_1-I_B-I_C)+(I_2-I_E)\}$ 〔A〕と計算できます．

これはキルヒホッフの第1法則（流入する電流の総和＝流出する電流の総和）の原理そのものです．

(2) A点からD点までの電圧降下

抵抗値は1線当たりのものであることを考慮すると，

時計回り：$2\times\{I_1R_{AB}+(I_1-I_B)R_{BC}+(I_1-I_B-I_C)R_{CD}\}$ 〔V〕

キルヒホッフの法則の発見は1845年だよ．

反時計回り：$2 \times \{I_2 R_{EA} + (I_2 - I_E) R_{DE}\}$〔V〕

です.

どちらも同じ電圧降下になるはずですから,

$I_1 R_{AB} + (I_1 - I_B) R_{BC} + (I_1 - I_B - I_C) R_{CD} = I_2 R_{EA} + (I_2 - I_E)$ となります. これは
キルヒホッフの第2法則(閉回路の起電力の総和＝電圧降下の総和)の応用です.

以上(1)と(2)を利用して計算をすすめる出題があります.

！Point

　解説のなかの計算式は原理を理解するための参考式で公式というわけではありません. 抵抗値については1線当たりの単位長(例えば1km当たり)の値が与えられている場合もありますし, 2線分の場合もあります. 問題をよく読んで計算に反映させて下さい.
　ループ内の電流値は条件によってマイナス(−)になってしまう場合があります. これは電流が想定した方向とは逆の方向に流れていることを意味します.

● 試験の直前 ● CHECK！

□ **抵抗値の計算** ≫

$$R = \rho \frac{l}{S} \ 〔\Omega〕$$

□ **ループ式線路** ≫ キルヒホッフの法則による計算

国家試験問題

問題1

　こう長20 kmの三相3線式2回線の送電線路がある. 受電端で33 kV, 6 600 kW, 力率0.9の三相負荷に供給する場合, 受電端電力に対する送電損失を5％以下にするための電線の最小断面積〔mm^2〕の値として, 計算値が最も近いものを次の(1)～(5)のうちから一つ選べ.

　ただし, 使用電線は, 断面積1 mm^2, 長さ1 m当たりの抵抗を$\frac{1}{35}$ Ωとし, その他の条件は無視する.

　(1) 14.3　　(2) 23.4　　(3) 24.7　　(4) 42.8　　(5) 171

《H24-10》

解説

　三相3線式送電線の受電端電圧をV〔V〕, 電流をI〔A〕, 力率を$\cos\theta$とすると, 受電端電力は$P = \sqrt{3} V I \cos\theta$〔W〕となりますから, 電流$I$〔A〕は

$$I = \frac{P}{\sqrt{3}\,V\cos\theta}\ \text{〔A〕}$$

送電線路は2回線ですから，1回線当たりの電流 I_1〔A〕は

$$I_1 = \frac{1}{2} \times \frac{P}{\sqrt{3}\,V\cos\theta} = \frac{P}{2\sqrt{3}\,V\cos\theta}\ \text{〔A〕}$$

電線の抵抗率を ρ〔Ω・mm^2/m〕，断面積を S〔mm^2〕，長さを l〔m〕とすると抵抗値 R〔Ω〕は

$$R = \rho\frac{l}{S}\ \text{〔Ω〕}$$

三相3線式の電力損失 P_1〔W〕は $P_1 = 3I_1{}^2R$〔W〕ですから，2回線分の損失 P_2〔W〕は

$$P_2 = 2P_1 = 2 \times 3I_1{}^2R = 2 \times 3 \times \left(\frac{P}{2\sqrt{3}\,V\cos\theta}\right)^2 \times \rho\frac{l}{S} = \frac{1}{2} \times \left(\frac{P}{V\cos\theta}\right)^2 \times \rho\frac{l}{S}\ \text{〔W〕}$$

送電損失を受電端電力の5%以下にするのですから，

$$0.05P \geqq \times \frac{1}{2} \times \left(\frac{P}{V\cos\theta}\right)^2 \times \rho\frac{l}{S}$$

$$\therefore\quad S \geqq \frac{1}{0.05P} \times \frac{1}{2} \times \left(\frac{P}{V\cos\theta}\right)^2 \times \rho l = \frac{1}{0.1} \times \frac{P}{(V\cos\theta)^2} \times \rho l$$

$$= 10 \times \frac{6600 \times 10^3}{(33 \times 10^3 \times 0.9)^2} \times \frac{1}{35} \times (20 \times 10^3) = \frac{1\,320\,000}{30\,873\,15} \fallingdotseq 42.8\ \text{mm}^2$$

問題2

　図のような単相2線式線路がある．母線 F 点の線間電圧が 107 V のとき，B 点の線間電圧が 96 V になった．B 点の負荷電流 I〔A〕として，最も近いものを次の(1)～(5)のうちから一つ選べ．

　ただし，使用する電線は全て同じものを用い，電線1条当たりの抵抗は，1 km 当たり 0.6 Ω とし，抵抗以外は無視できるものとする．また，全ての負荷の力率は100%とする．

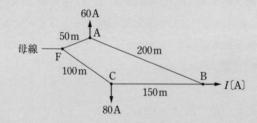

(1)　29.3　　(2)　54.3　　(3)　84.7　　(4)　102.7　　(5)　121.3

《H28-13》

解　説

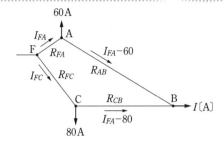

　FA 間，AB 間，FC 間，CB 間の 1 線分の抵抗値をそれぞれ R_{FA}〔Ω〕，R_{AB}〔Ω〕，R_{FC}〔Ω〕，R_{CB}〔Ω〕とすると，

$$R_{FA}=0.05\times0.6=0.03\ \Omega$$

$$R_{AB}=0.2\times0.6=0.12\ \Omega$$

$$R_{FC}=0.1\times0.6=0.06\ \Omega$$

$$R_{CB}=0.15\times0.6=0.09\ \Omega$$

　F 点から A 点に向かって流れる電流を I_{FA}〔A〕とすると F → A → B の2線分の電圧降下は

$$2\times\{I_{FA}R_{FA}+(I_{FA}-60)R_{AB}\}=107-96$$

と計算でき，数値を代入して I_{FA}〔A〕を求めると，

$$2\times\{I_{FA}\times0.03+(I_{FA}-60)\times0.12\}=11$$

$$0.3I_{FA}-14.4=11 \qquad \therefore \quad I_{FA}=\frac{25.4}{0.3}\ \text{A}$$

　よって A 点から B 点に向かって流れる電流 I_{AB}〔A〕は

$$I_{AB}=\frac{25.4}{0.3}-60=\frac{254-180}{3}=\frac{74}{3}$$

　同様に F 点から C 点に向かって流れる電流を I_{FC}〔A〕とすると，F → C → B の2線分の電圧降下は

$$2\times\{I_{FC}R_{FC}+(I_{FC}-80)R_{CB}\}=107-96$$

と計算でき，数値を代入して I_{FC}〔A〕を求めると，

$$2\times\{I_{FC}\times0.06+(I_{FC}-80)\times0.09\}=11$$

$$0.3I_{FC}-14.4=11 \qquad \therefore \quad I_{FC}=\frac{25.4}{0.3}\ \text{A}$$

　よって C 点から B 点に向かって流れる電流 I_{CB}〔A〕は

$$I_{CB}=\frac{25.4}{0.3}-80=\frac{254-240}{3}=\frac{14}{3}$$

　負荷電流 I はキルヒホッフの第 1 法則より

$$I=\frac{74}{3}+\frac{14}{3}=\frac{88}{3}\fallingdotseq29.3\ \text{A}$$

（p.167〜168 の解答）　問題 1 → (4)　問題 2 → (1)

第6章　電気的要素

第7章　電気材料

7・1　導電材料 ………………………… 172

7・2　絶縁材料 ………………………… 175

7・3　磁性材料 ………………………… 181

7・1 導電材料

● 出題項目 ● CHECK!

- □ 導電材料の要求条件
- □ 導電材料の種類
- □ 半導体材料

7・1・1 導電材料の要件

　送配電線路など電気を流す部分に利用されるものが導電材料です．導電材料，抵抗材料，接点材料，ブラシ材料，特殊導電材料（フィラメント　ヒューズ）などのほか，半導体材料も導電材料の一つと考えられます．例えば，線路材として利用される導電材料に要求される項目として，次のようなものが考えられます．

① 高導電性（導電率が大きい）であること
② 加工性がよいこと
③ 耐食性が良好なこと
④ 十分な強度をもつこと
⑤ 線膨張率（熱膨張率）が小さいこと
⑥ 軽量であること
⑦ 安価なこと

　導電率については国際規格 IACS（international annealed copper standard）にある標準軟銅（1.7241×10^{-8}〔Ω・m〕）を 100% とした場合の比率で表します（参考：純銅の場合の抵抗率は 1.673×10^{-8}〔Ω・m〕）．導電材料として代表的な金属について表7.1にまとめておきます．

　文献によって多少数値が異なります．これは，金属の純度や組成による影響です．試験で数値が問われることはないと思いますのでおおまかにとらえて下さい．

表 7.1　導電材料の特性比較

特性	単位	銀 (Ag)	銅 (Cu)	金 (Au)	アルミニウム (Al)	鉄 (Fe)
導電率	%IACS	106.4	100	71.8	61.7	17.6
密度	g/cm^3	10.49	8.96	19.32	2.7	7.87
引張強度	MPa	150	軟銅 220 硬銅 450	100	軟アルミ 80 硬アルミ 170	250
線膨張率	$\times 10^{-6}$/℃	19.7	16.8	14.3	23.9	11.8

表にある金属の導電率の順番を覚えてね．
数値そのものは覚えなくていいよ．

7·1·2 導電材料の種類

架空送電線，架空配電線，地中電線路の項目で解説した材料について簡単に解説します．

まず，銅線には硬銅線と軟銅線があります．電解精製した銅を 100 kg 前後のインゴット（金属塊）とした電気銅（純度 99.96 ％以上）を常温で伸ばしてできたものが硬銅線で，これを 350〜500℃ 程度で 焼 鈍：焼きなますこと）したものが軟銅線で，硬銅線よりも柔らかくなります．

次にアルミ線ですが，これにも硬アルミ線と軟アルミ線があります．銅線の場合と同様に硬アルミ線を 350〜410℃ 程度で焼鈍したものが軟銅線です．

電線の解説も見てね

7·1·3 半導体材料

文献によって定義的な数値に差がありますが，抵抗率がおおむね 10^{-6}〜10^{6} $\Omega \cdot m$ 程度の範囲の材料が半導体です．それ以下は導体，それ以上は絶縁物です．

ケイ素（Si）やゲルマニウム（Ge）のように元素単体のものを真性半導体といい，ガリウム（Ga）に微量のヒ素（As）を混ぜたもの（GaAs）を不純物半導体といいます．この微量の物質を混ぜることをドーピングといいます．変電設備の項目で解説した避雷器に利用されている炭化ケイ素（SiC）や酸化亜鉛（ZnO）は半導体の例です．

半導体は 1820 年代頃からボツボツ研究が始まってるよ．

● 試験の直前 ● CHECK!

□ **導電材料の要求条件** ≫≫ 導電率，加工性，耐食性，強度，線膨張率など
□ **硬銅線，軟銅線，硬アルミ線，軟アルミ線**
□ **真性半導体，不純物半導体**

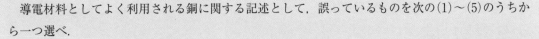

国家試験問題

問題 1

導電材料としてよく利用される銅に関する記述として，誤っているものを次の(1)〜(5)のうちから一つ選べ．

(1) 電線の導体材料の銅は，電気銅を精製したものが用いられる．

(2) CV ケーブルの電線の銅導体には，軟銅が一般に用いられる．

(3) 軟銅は，硬銅を 300〜600 ℃ で焼きなますことにより得られる．

第7章 電気材料

解説

最も抵抗率の低い金属は銀(Ag)です．

(1)について「電気銅を精製したものと」ありますが，少々違和感があります．精製とは金属から不純物を取り除いて純度の高いものにすることです．電気銅は電解精製された純度の高い銅であり，電線はそれを成型したものです．

(5)の整流子片(コミュテータ)ですが，これはブラシ(カーボン)との間に摩擦がありますので，摩耗しにくいことが要求され，硬銅の利用が一般的です．

問題2

送電線路に用いられる導体に関する記述として，誤っているものを次の(1)〜(5)のうちから一つ選べ．

(1)　導体の特性として，一般に導電率は高く引張強さが大きいこと，質量及び線熱膨張率が小さいこと，加工性及び耐食性に優れていることなどが求められる．

(2)　導体には，一般に銅やアルミニウム又はそれらの合金が用いられ，それらの導体の導電率は，温度や不純物成分，加工条件，熱処理条件などによって異なり，標準軟銅の導電率を100%として比較した百分率で表される．

(3)　地中ケーブルの銅導体には，一般に軟銅が用いられ，硬銅と比べて引張強さは小さいが，伸びや可とう性に優れ，導電率が高い．

(4)　鋼心アルミより線は，中心に亜鉛めっき鋼より線，その周囲に軟アルミ線をより合わせた電線であり，アルミの軽量かつ高い導電性と，鋼の強い引張強さとをもつ代表的な架空送電線である．

(5)　純アルミニウムは，純銅と比較して導電率が $\frac{2}{3}$ 程度，比重が $\frac{1}{3}$ 程度であるため，電気抵抗と長さが同じ電線の場合，アルミニウム線の質量は銅線のおよそ半分である．

《H28-14》

解説

架空送電線で解説したように，硬心アルミより線(ACSR)に利用されているのは軟アルミ線ではなく硬アルミ線です．

アルミニウムの導電率は銅の約2/3で，比重は約1/3です．長さが同じで抵抗値が同じだとすると，アルミ線はと銅線の3/2倍の容積が必要となります．銅線の質量を1とするとアルミの質量は，

$$\frac{3}{2} \times \frac{1}{3} = \frac{1}{2} \,〔倍〕$$

(p.173〜174 の解答)　**問題1** ▶ (4)　**問題2** ▶ (4)

7・2　絶縁材料

重要知識

● 出題項目 ● CHECK!

☐ 絶縁材料の要求条件
☐ 気体絶縁材料
☐ 固体絶縁材料
☐ 液体絶縁材料
☐ 絶縁劣化

7・2・1　絶縁材料の要件

電気を通しにくい材料が絶縁材料です．要求される条件としては次のような項目が考えられます．

① 絶縁抵抗(抵抗率)，絶縁耐力が高いこと

② 熱的，電気的，機械的，化学的に安定(腐食がないなど)であること

③ 液体では引火点が高く，凝固点が低いこと

④ 気体では不燃性，難燃性であること

⑤ 人体に無害なこと

⑥ 誘電体損が小さいこと

7・2・2　気体絶縁材料

気体絶縁材料は，一般的に圧力が大きいと絶縁性能が大きいという特徴があります．

(1)　真空，空気

空気は絶縁材料の一つです．また，気体ではありませんが真空もこのカテゴリーとして考えてよいと思います．利用事例としては，空気遮断器(ABB)，真空遮断器(VCB)があります．

変電設備の解説も参考にしてね．

(2)　窒素

変圧器の絶縁油の酸化防止に利用されています．

(3)　六ふっ化硫黄(SF$_6$)

オゾン層に影響しない代替フロンの一つとして1960年代から利用が始まっています．特徴としては次のようなものがあります．

① 無色，無臭で人体に無害

② 不燃性で化学的に安定

③ 空気よりも絶縁破壊電圧が高く，アーク消弧能力が大きい

④ 二酸化炭素(CO$_2$)の23,900倍の温室効果があるため取扱いには注意が必要

第7章　電気材料

175

ガス遮断器(GCB)，ガス絶縁遮断器(GIS)，ガス絶縁母線(GIB)(SF$_6$で満たされた金属容器内に電線(母線)を収納したもので，一般的には GIS と組み合わせて利用されています)などに利用されています．

(4)　水素(H$_2$)

タービン発電機の絶縁，冷却に利用されています．

7・2・3　固体絶縁材料

液体や気体よりも絶縁性能が大きいという特徴があります．材料の事例をまとめておきます(表7.2)．架空送電線で解説したがいしやスペーサなどが利用事例となります．

雲母(うんも)ってマイカ(mica)っていうことが多いよ．

表7.2　固体絶縁材料

種　類	材　料
天然無機物	雲母，石綿，水晶
天然有機物	繊維，布，紙，パラフィン，ゴム
合成無機物	ガラス，磁器
合成有機物	プラスチック，合成ゴム，架橋ポリエチレン

7・2・4　液体絶縁材料

液体材料は，絶縁以外に冷却効果も期待されます．絶縁破壊電圧は空気より高く，誘電正接(誘電体内での損失の割合)は空気より大きい材料です．

(1)　植物油

植物由来であることから環境にやさしいといえます．変圧器の絶縁油として菜種油が利用されているものがあります．

(2)　鉱物油

原油を精製したもので鉱油という表現もあります．引火点130℃程度，発火点は320℃程度，絶縁破壊電圧50 kV/mm 程度(空気は3 kV/mm 程度)で，コンデンサ，ケーブル，変圧器などに利用されています．

(3)　合成油

ケーブルやコンデンサに利用されるものとして重合炭化水素油が，また変圧器にシリコーン油が利用されているものがあります．

7·2·5　絶縁劣化

絶縁体が劣化すると誘電体損が大きくなります．絶縁劣化の要因として考えられるものをまとめておきます（表7.3）.

地中電線路の解説も
参考にしてね

表7.3　絶縁劣化の要因

要　因	具体例
熱的要因	膨張，収縮，温度上昇など
電気的要因	コロナ放電など
機械的要因	衝撃，摩擦など
化学的要因	ガス，薬剤，吸湿，紫外線，放射線など

(1)　固体絶縁材料の劣化

地中電線路の項目でも解説しましたが，トリー現象やトラッキング現象，吸湿や熱，紫外線（直射日光）による影響や経年劣化などがあります．

(2)　絶縁油の劣化

例えば，変圧器を運転すると温度が変化し，膨張・収縮を繰り返すことで呼吸作用が発生します．絶縁油は，コンサベータという装置等によって外気と遮断されていますが，パッキンの劣化やシールの不良，コンサベータにあるブリーザ（吸湿呼吸器）の不具合があると，呼吸作用によって空気に触れ水分が蓄積されることがあります．

この状態と変圧器の温度上昇により絶縁油の酸化は進行し，スラッジ（泥状物質）が発生し冷却効果が妨げられます．また，絶縁油内の劣化生成物により吸水性が増加し絶縁抵抗が低下します．

絶縁油の性能を測定する試験としては，絶縁破壊電圧を測定する絶縁破壊電圧試験，酸性成分の中和に必要な水酸化カリウムの量を測定する全酸化試験，含有水分の量を測定する水分試験，溶解した分解ガスを分析する油中ガス分析試験があります．

● 試験の直前 ● CHECK!

- □ **絶縁材料に要求される事項**
- □ **気体絶縁材料** ≫ 真空，空気，窒素，SF_6，水素
- □ **固体絶縁材料** ≫ 天然および合成無機物，有機物
- □ **液体絶縁材料** ≫ 植物油，鉱物油，合成油
- □ **絶縁劣化の要因** ≫ 熱，電気，機械，化学

第7章　電気材料

国家試験問題

問題1

　絶縁油は変圧器やOFケーブルなどに使用されており，一般に絶縁破壊電圧は大気圧の空気と比べて　(ア)　，誘電正接は空気よりも　(イ)　，電力用機器の絶縁油として古くから　(ウ)　が一般的に用いられてきたが，OFケーブルやコンデンサでより優れた低損失性や信頼性が求められる仕様のときには　(エ)　が採用される場合もある．

　上記の記述中の空白箇所(ア)，(イ)，(ウ)および(エ)に当てはまる語句として，正しいものを組み合わせたのは次のうちどれか．

	(ア)	(イ)	(ウ)	(エ)
(1)	低　く	小さい	植物油	シリコーン油
(2)	高　く	大きい	鉱物油	重合炭化水素油
(3)	高　く	大きい	植物油	シリコーン油
(4)	低　く	小さい	鉱物油	重合炭化水素油
(5)	高　く	大きい	鉱物油	シリコーン油

《H22-14》

解説

本文7·2·1〜7·2·5項の解説を参考にして下さい．

問題2

　絶縁材料の特徴に関する記述として，誤っているものを次の(1)〜(5)のうちから一つ選べ．
(1)　絶縁油は，温度や不純物などにより絶縁性能が影響を受ける．
(2)　固体絶縁材料は，温度変化による膨張や収縮による機械的ひずみが原因で劣化することがある．
(3)　六ふっ化硫黄(SF_6)ガスは，空気と比べて絶縁耐力が高いが，一方で地球温暖化に及ぼす影響が大きいという問題点がある．
(4)　液体絶縁材料は気体絶縁材料と比べて，圧力により絶縁耐力が大きく変化する．
(5)　一般に固体絶縁材料には，液体や気体の絶縁材料と比較して，絶縁耐力が高いものが多い．

《H25-14》

解説

　圧力によって絶縁耐力が変化するのは気体絶縁材料の特徴で，圧力が大きいと絶縁性能が大きくなります．

問題3

　電気絶縁材料に関する記述として，誤っているものを次の(1)〜(5)のうちから一つ選べ．
(1)　ガス遮断器などに使用されているSF_6ガスは，同じ圧力の空気と比較して絶縁耐力や消弧能

力が高く，反応性が非常に小さく安定した不燃性のガスである．しかし，SF$_6$ガスは，大気中に排出されると，オゾン層破壊への影響が大きいガスである．
(2)　変圧器の絶縁油には，主に鉱油系絶縁油が使用されており，変圧器内部を絶縁する役割のほかに，変圧器内部で発生する熱を対流などによって放散冷却する役割がある．
(3)　CVケーブルの絶縁体に使用される架橋ポリエチレンは，ポリエチレンの優れた絶縁特性に加えて，ポリエチレンの分子構造を架橋反応により立体網目状分子構造とすることによって，耐熱変形性を大幅に改善した絶縁材料である．
(4)　がいしに使用される絶縁材料には，一般に，磁気，ガラス，ポリマの3種類がある．我が国では磁器がいしが主流であるが，最近では，軽量性や耐衝撃性などの観点から，ポリマがいしの利用が進んでいる．
(5)　絶縁材料における絶縁劣化では，熱的要因，電気的要因，機械的要因のほかに，化学薬品，放射線，紫外線，水分などが要因となり得る．

《H29-14》

解説

六ふっ化硫黄（SF$_6$）の環境への影響は温室効果です．

問題4

固体絶縁材料の劣化に関する記述として，誤っているのは次のうちどれか．
(1)　膨張，収縮による機械的な繰り返しひずみの発生が，劣化の原因となる場合がある．
(2)　固体絶縁物内部の微小空げきで高電圧印加時のボイド放電が発生すると，劣化の原因となる．
(3)　水分は，CVケーブルの水トリー劣化の主原因である．
(4)　硫黄などの化学物質は，固体絶縁材料の変質を引き起こす．
(5)　部分放電劣化は，絶縁体外表面のみに発生する．

《H21-14》

解説

部分放電劣化は，絶縁体外表面から内部に侵攻して破壊に至る劣化です．

問題5

電気絶縁材料に関する記述として，誤っているものを次の(1)～(5)のうちから一つ選べ．
(1)　直射日光により，絶縁物の劣化が生じる場合がある．
(2)　多くの絶縁材料は温度が高いほど，絶縁強度の低下や誘電損の増加が生じる．
(3)　絶縁材料中の水分が少ないほど，絶縁強度は低くなる傾向がある．
(4)　電界や熱が長時間加わることで，絶縁強度は低下する傾向がある．
(5)　部分放電は，絶縁物劣化の一要因である．

《H23-14》

解説

　水分，つまり吸湿は絶縁劣化の要因の一つです．絶縁強度は，絶縁材料中の水分が少ないほど高くなります．

問題6

　電気絶縁材料に関する記述として，誤っているものを次の(1)～(5)のうちから一つ選べ．

(1)　気体絶縁材料は，液体，固体絶縁材料と比較して，一般に電気抵抗率及び誘電率が低いため，固体絶縁材料内部にボイド(空隙，空洞)が含まれると，ボイド部での電界強度が高められやすい．

(2)　気体絶縁材料は，液体，固体絶縁材料と比較して，一般に絶縁破壊強度が低いが，気圧を高めるか，真空状態とすることで絶縁破壊強度を高めることができる性質がある．

(3)　内部にボイドを含んだ固体絶縁材料では，固体絶縁材料の絶縁破壊が生じなくても，ボイド内の気体が絶縁破壊することで部分放電が発生する場合がある．

(4)　固体絶縁材料は，熱や電界，機械的応力などが長時間加えられることによって，固体絶縁材料内部に微小なボイドが形成されて，部分放電が発生する場合がある．

(5)　固体絶縁材料内部で部分放電が発生すると，短時間に固体絶縁材料の絶縁破壊が生じることはなくても，長時間にわたって部分放電が継続的又は断続的に発生することで，固体絶縁材料の絶縁破壊に至る場合がある．

《R1-14》

解説

　絶縁性能についてよくまとめられている問題だと思います．本文の解説を補強するものとしてよく読んでおいて下さい．気体絶縁材料は，固体や液体のものに比べて電気抵抗率は高いです．

7·3　磁性材料

重要知識

● 出題項目 ● CHECK!

□　磁性材料の要求条件
□　ヒステリシス曲線

7·3·1　磁性材料と要件

　磁性材料には計器などに利用される永久磁石材料と変圧器の鉄心などに利用される磁心材料があります.

(1)　永久磁石材料

　原料として利用されているものには鉄(Fe), コバルト(Co), ニッケル(Ni)といった強磁性元素にサマリウム(Sm), ネオジム(Nd)などを混ぜ合わせて永久磁石材料とします.

　特性としての要件は次のとおりです.

　①　磁束密度が小さい.

　②　抵抗率が大きい.

　③　渦電流損が小さい.

　④　保磁力が大きい.

(2)　磁心材料

　材料としては, 鉄(Fe)にけい素(Si)を混ぜて透磁率, 抵抗率を高めたけい素鋼材や非結晶構造のアモルファス合金材があります.

　特性の要件は, 次のとおりです.

　①　保磁力が小さい(ヒステリシス損が小さい),

　②　磁束密度の変化が大きく飽和磁束密度が大きい,

　③　透磁率が大きい,

　アモルファス合金材はけい素鋼材と比較して, 高硬度で加工性が悪く, 高価といった短所はありますが, 透磁率や抵抗率が大きく鉄損が少ないという特徴があります.

7·3·2　ヒステリシス曲線

　変圧器の鉄心として利用される磁心材料内で生じる電力損失として鉄損があります. この鉄損にはヒステリシス損と渦電流損があります.

　電流によって磁界が発生し鉄心が磁化されます. この磁界が大きさや向きを変えるときに損失が生じ, これをヒステリシス損といいます. 鉄心の磁束の増加と減少は同一の経過をたどりません(図7.1).

　鉄心が磁化していない状態から磁界を印加すると磁束密度が増加します. 磁

アモルファス合金は携帯電話のフレームや腕時計なんかにも使われてるよ.

界を強くすると磁束密度はある点で増加しなくなります．この点を飽和磁束密度といいます．飽和磁束密度に達した状態から磁界を減少させるともとの経路を通らず磁界が0でも磁束密度が残り，これを残留磁束密度といいます．

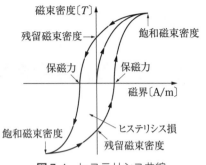

図7.1 ヒステリシス曲線

　その点から逆向きに磁界をかけると磁束密度は0となりますが，磁界は0ではありません．この点の大きさを保磁力といいます．さらに逆向きの磁界を強くすると飽和磁束密度に達し，その点からもとの向きに磁束を掛けると，原点に戻ることなく，先の飽和磁束密度の状態となります．磁界の向きが変わっても飽和磁束密度，残留磁束密度，保磁力の大きさは同じです．その曲線（ヒステリシス曲線）内側の面積がヒステリシス損になります．

　ヒステリシス損 P_h〔W〕は，比例定数を k_h，交番磁界の周波数を f〔Hz〕，磁束密度を B_m〔T〕とすると

$$P_h = k_h f B_m^{1.6} \quad\cdots\cdots\cdots\cdots\cdots\cdots\cdots\cdots\cdots\cdots\cdots\cdots (7.1)$$

で計算され，これをスタインメッツの実験式といいます．

　渦電流損は，電磁誘導作用によって鉄心内に生じる電流（渦電流）によって生じるジュール熱による損失です．比例定数を k_e，鉄心の厚さを t〔m〕，交番磁界の周波数を f〔Hz〕，磁束密度を B_m〔T〕，磁性体の抵抗率を ρ〔Ω・m〕とすると渦電流損を P_e〔W〕は

$$P_e = k_e \frac{(tfB_m)^2}{\rho} \quad\cdots\cdots\cdots\cdots\cdots\cdots\cdots\cdots\cdots\cdots\cdots (7.2)$$

で計算されます．

　まとめると鉄損 P_i は次のようになります．

$$P_i = P_h + P_e \quad\cdots\cdots\cdots\cdots\cdots\cdots\cdots\cdots\cdots\cdots\cdots\cdots (7.3)$$

この式だけ覚えてね．

!Point

　ヒステリシス損の計算問題はまず出題されることはないでしょう．ヒステリシス損は交番磁界の周波数に比例し，渦電流損は交番磁界の周波数の2乗に比例し，抵抗率に反比例するという点だけで十分かと思います．

● 試験の直前 ● CHECK!

□ **磁性材料の要件**≫磁束密度，保磁力，抵抗率，透磁率
□ **鉄心材料**≫けい素鋼材，アモルファス合金材
□ **ヒステリシス曲線**≫ヒステリシス損，渦電流損

国家試験問題

問題1

　次の文章は，発電機，電動機，変圧器などの電気機器の鉄心として使用される磁心材料に関する記述である．

　永久磁石材料と比較すると磁心材料の方が磁気ヒステリシス特性（B-H特性）の保磁力の大きさは　(ア)　，磁界の強さの変化により生じる磁束密度の変化は　(イ)　ので，透磁率は一般に　(ウ)　．

　また，同一の交番磁界のもとでは，同じ飽和磁束密度を有する磁心材料同士では，保磁力が小さいほど，ヒステリシス損は　(エ)　．

　上記の記述中の空白箇所(ア)，(イ)，(ウ)及び(エ)に当てはまる語句として，正しいものを組み合わせたのは次のうちどれか．

	(ア)	(イ)	(ウ)	(エ)
(1)	大きく	大きい	大きい	大きい
(2)	小さく	大きい	大きい	小さい
(3)	小さく	大きい	小さい	大きい
(4)	大きく	小さい	小さい	小さい
(5)	小さく	小さい	大きい	小さい

《H20-14》

解説

　保磁力が小さいとヒステリシス曲線で囲まれた面積，つまりヒステリシス損が小さくなります．

問題2

　変圧器の鉄心に使用されている鉄心材料に関する記述として，誤っているものを次の(1)～(5)のうちから一つ選べ．

(1)　鉄心材料は，同じ体積であれば両面を絶縁加工した薄い材料を積層することで，ヒステリシス損はほとんど変わらないが，過電流損を低減させることができる．

(2)　鉄心材料は，保持力と飽和磁束密度がともに小さく，ヒステリシス損が小さい材料が選ばれる．

(3)　鉄心材料に使用されるけい素鋼材は，鉄にけい素を含有させて透磁率と抵抗率とを高めた材料である．

(4)　鉄心材料に使用されるアモルファス合金材は，非結晶構造であり，高硬度であるが，加工性に優れず，けい素鋼材と比較して高価である．

(5)　鉄心材料に使用されるアモルファス合金材は，けい素鋼材と比較して透磁率と抵抗率はともに高く，鉄損が少ない.

《H27-14》

解説

鉄心材料の飽和磁束密度は大きいことが要求されます.

問題3

変圧器に使用される鉄心材料に関する記述として，誤っているものを次の(1)〜(5)のうちから一つ選べ.

(1)　鉄は，炭素の含有量を低減させることにより飽和磁束密度及び透磁率が増加し，保磁力が減少する傾向があるが，純鉄や低炭素鋼は電気抵抗が小さいため，一般に交流用途の鉄心材料には適さない.

(2)　鉄は，けい素含有量の増加に伴って飽和磁束密度及び保持力が減少し，透磁率及び電気抵抗が増加する傾向がある. そのため，けい素鋼板は交流用途の鉄心材料に広く使用されているが，けい素含有量の増加に伴って加工性や機械的強度が低下するという性質もある.

(3)　鉄心材料のヒステリシス損は，ヒステリシス曲線が囲む面積と交番磁界の周波数に比例する.

(4)　厚さの薄い鉄心材料を積層した積層鉄心は，積層した鉄心材料間で電流が流れないように鉄心材料の表面に絶縁被膜が施されており，鉄心材料の積層方向(厚さ方向)と磁束方向とが同一方向となるときに顕著な渦電流損の低減効果が得られる.

(5)　鉄心材料に用いられるアモルファス磁性材料は，原子配列に規則性がない非結晶構造を有し，結晶構造を有するけい素鋼材と比較して鉄損が少ない. 薄帯形状であることから巻鉄心形の鉄心に適しており，柱上変圧器などに使用されている.

《H30-14》

解説

本節の解説とこの問題で磁性材料のかなりの範囲がカバーできると思います. 鉄心は積層構造とすることで渦電流損を小さくすることができます. けい素鋼材の場合ですと，厚さが0.3〜0.5 mm程度の鋼板としたものを絶縁被膜処理し張り合わせて積層とします.

磁束方向が積層方向と同じになるときに渦電流が最大となります. 磁束方向が積層方向と垂直になれば，電流が絶縁された積層間を通り抜けられないこともあり，低減できることになります.

(p.183〜184の解答)　**問題1** ▶(2)　**問題2** ▶(2)　**問題3** ▶(4)

● 索　引 ●

英数字

2 サイクルエンジン	38
4 サイクルエンジン	37
CVCF	41
CV ケーブル	133
DV(引込用ビニル絶縁電線)	99
MOX 燃料	31
OC(屋外用架橋ポリエチレン絶縁電線)	98
OE(屋外用ポリエチレン絶縁電線)	98
OF ケーブル	133
OW(屋外用ビニル絶縁電線)	99
PDC(高圧引下用架橋ポリエチレン絶縁電線)	99
PDP(高圧引下用ポチレンプロピレンゴム絶縁電線)	99
POF ケーブル	133
T 形回路	157
UPS	41
V－V 結線	64
Y 結線	61
Y 支線	121
Y－Y 結線	64
Y－Y－Δ 結線	64
Y－Δ 結線	64
Δ 結線	61
π 形回路	155
Δ－Y 結線	63
Δ－Δ 結線	63

あ 行

アーク放電	49
アークホーン	87
アースダム	2
アーチダム	2
アーマロッド	84
相間スペーサ	91
相電圧	61
相電流	61
圧力水頭	3
油遮断器(OCB)	50
油中ガス分析試験	177
油入開閉器(OS)	100
アモルファス合金材	181
暗きょ式	129
安定度	158
イエローケーキ	31
一次電池	41
位置水頭	3
インバータ	53
インピーダンス	71
インピーダンスマップ	73
渦電流損	181
ウラン	28
永久磁石材料	181
液体絶縁材料	176
エンタルピー	17
エントロピー	21

屋外用架橋ポリエチレン絶縁電線	98
屋外用ビニル絶縁電線	99
屋外用ポリエチレン絶縁電線	98
押込通風機	15
汚染環境	20
温度変化の影響	120

か 行

加圧水型原子炉	30
外燃機関	37
開放サイクル	36
化学トリー現象	144
架空地線(グランドワイヤ)	86
核燃料サイクル	30
過充電	45
ガス開閉器(GS)	100
ガス遮断器(GCB)	50
ガス絶縁開閉装置(GIS)	51
ガスタービン発電	36
過電圧継電器(OVR)	50
過電流継電器(OCR)	50
過熱器	15
雷サージ	52
火力発電	13
渇き蒸気	14
巻線比	49
還流ボイラ	22
管路式	129
基準容量	72

気体絶縁材料……………………… 175
逆潮流………………………………… 55
逆フラッシオーバ………………… 87
ギャップ付き避雷器……………… 52
ギャップレス避雷器……………… 52
キャビテーション………………… 5
キャブ……………………………… 129
キュービクル式高圧受変電設備 … 48
強磁性元素………………………… 181
強制循環ボイラ…………………… 22
共同支線…………………………… 121
共同溝……………………………… 129
許容電流…………………………… 136
均等充電方式……………………… 45

空気遮断器(ABB)………………… 50
空気予熱器………………………… 15
区分開閉器………………………… 99
クロスフロー水車………………… 5

計器用変圧器(VT)………………… 52
軽水………………………………… 28
軽水炉……………………………… 29
けい素鋼材………………………… 181
結合開閉器………………………… 115
ケッチヒューズ…………………… 99
原子力発電………………………… 28
懸垂がいし………………………… 83
減速材……………………………… 28

高圧引下用エチレンプロピレンゴム絶
　縁電線…………………………… 99
高圧引下用架橋ポリエチレン絶縁電線
　…………………………………… 99
高圧カットアウト………………… 99
高圧気中開閉器(PAS)…………… 100

高圧交流負荷開閉器(LBS)……… 51
高速増殖炉……………………… 29,35
高調波……………………………… 62
硬銅より線………………………… 82
鋼板組立柱………………………… 102
後備保護継電器…………………… 50
固体絶縁材料……………………… 176
コロナ損…………………………… 89
コロナ放電………………………… 89
コロナ臨界電圧…………………… 89
混圧タービン……………………… 18
コンサベータ……………………… 177
コンバインドサイクル発電……… 36

さ 行

再循環ポンプ……………………… 29
再生可能エネルギー……………… 38
再生サイクル……………………… 14
再生再熱サイクル………………… 14
再生タービン……………………… 18
再熱器……………………………… 14
再熱サイクル……………………… 14
作用静電容量……………………… 135
酸化亜鉛(ZnO)…………………… 53
酸化アルミニウム(Al₂O₃)………… 53
三相3線式………………………… 106
三相4線式……………………… 69,106
残留磁束密度……………………… 182

シース損…………………………… 136
磁気遮断器(MBB)………………… 50
時限順送方式……………………… 100
磁心材料…………………………… 181
自然循環ボイラ…………………… 22
質量欠損…………………………… 28
湿り蒸気…………………………… 14

遮断器……………………………… 49
遮蔽材……………………………… 29
斜流水車…………………………… 4
集じん器…………………………… 15
重水………………………………… 28
重水炉……………………………… 29
充電電流…………………………… 134
充電容量…………………………… 134
周波数変換装置…………………… 53
重油………………………………… 19
重力ダム…………………………… 2
樹枝状方式………………………… 115
取水ダム…………………………… 2
主保護継電器……………………… 50
消弧………………………………… 49
消弧リアクトル接地方式………… 63
小水力発電………………………… 40
条数………………………………… 122
衝動タービン……………………… 18
自励式……………………………… 59
真空開閉器(VS)………………… 100
真空遮断器(VCB)………………… 50
真空バルブ………………………… 57

水素………………………………… 176
水トリー現象……………………… 144
水分試験…………………………… 177
水平支線…………………………… 121
水力発電…………………………… 3
進相コンデンサ…………………… 150
スタインメッツの実験式………… 182
ステーションポストがいし……… 83
ストックブリッジダンパ………… 91
スパイラルロッド………………… 91
スポットネットワーク方式……… 116
スラッジ…………………………… 177

制御信号方式 …………………… 100

制御棒 ……………………………… 29

静止型無効電力補償装置(SVC) …… 51

静電誘導 …………………………… 87

静電容量 ………………………… 134

静電容量法 ……………………… 143

積層鉄心 …………………………… 49

絶縁協調 …………………………… 53

絶縁材料 ………………………… 175

絶縁破壊電圧試験 ……………… 177

絶縁劣化 ………………………… 177

節炭器(エコマイザー) …………… 14

零相変流器(ZCT) ………………… 52

線間電圧 …………………………… 61

全酸化試験 ……………………… 177

線電流 ……………………………… 61

線路電圧降下補償器(LDC) ……… 100

線路用自動電圧調整器(SVR) …… 100

送受電端電圧 …………………… 153

送電線 ……………………………… 48

送電電力の比較 ………………… 106

送電端熱効率 ……………………… 16

総落差 ……………………………… 9

速度水頭 …………………………… 3

速度調定率 ………………………… 6

続流 ………………………………… 52

外鉄形 ……………………………… 49

損失水頭 …………………………… 3

た　行

タービン効率 ……………………… 16

太陽光発電 ………………………… 38

脱気器 ……………………………… 15

多導体方式 ………………………… 90

たるみ …………………………… 120

炭化ケイ素 ………………………… 53

単相2線式 ……………………… 105

単相3線式 ……………………… 105

断熱圧縮 …………………………… 13

断熱膨張 …………………………… 13

短絡事故電流 ……………………… 49

短絡電流 …………………………… 73

断路器(DS) ……………………… 51

地中電線路 ……………………… 128

窒素 ……………………………… 175

地熱発電 …………………………… 40

抽気タービン ……………………… 18

中性点接地方式 …………………… 62

張力 ……………………………… 121

直接接地方式 ……………………… 62

直接埋設式 ……………………… 128

直流送電 …………………………… 53

地絡過電流継電器(GR) …………… 50

地絡方向継電器(DGR) …………… 50

低圧カットアウト ………………… 99

低圧気中開閉器(ACB) ………… 100

低圧バンキング方式 …………… 116

ディーゼル発電 …………………… 37

定格容量 …………………………… 71

抵抗接地方式 ……………………… 63

抵抗損 …………………………… 135

抵抗値 …………………………… 166

低濃縮ウラン ……………………… 28

鉄損 ……………………………… 181

電圧降下 ………………………… 153

電圧降下率 ……………………… 154

電圧変動率 ……………………… 154

電位傾度 …………………………… 89

転換比 ……………………………… 35

電磁誘導 …………………………… 88

電食 ………………………………… 54

電線量の比較 …………………… 108

電灯用変圧器 ……………………… 65

電力 ……………………………… 153

電力需給用計器用変成器(VCT) …… 52

電力損失の比較 ………………… 107

電力損失率 ……………………… 154

電力ヒューズ ……………………… 49

電力用コンデンサ(SC) ………51,100

等圧受熱 …………………………… 13

等圧放熱 …………………………… 13

同期調相機(RC) ………………… 51

動力用変圧器 ……………………… 65

トーショナルダンパ ……………… 91

トラッキング現象 ……………… 144

な　行

内燃機関 …………………………… 37

長幹がいし ………………………… 83

二次電池 …………………………… 41

熱サイクル効率 …………………… 16

ネットワークプロテクタ ……… 116

ねん架 ……………………………… 88

燃料電池 …………………………… 41

燃料棒 ……………………………… 31

は　行

背圧タービン ……………………… 18

バイオ燃料 ………………………… 40

バイオマス発電 …………………… 40

配電線 ……………………………… 48

鋼心アルミより線 …………………… 83

柱上開閉器 …………………………… 100

柱上変圧器 …………………………… 48

発電機効率 …………………………… 16

発電端熱効率 ………………………… 16

パッドマウント変圧器 …………… 128

バランサ …………………………… 105

パルスレーダー方法 ……………… 143

パワーコンディショナ …………… 39

反射材 ………………………………… 29

反動タービン ………………………… 18

半導体材料 ………………………… 173

引込用ビニル絶縁電線 …………… 99

ヒステリシス曲線 ………………… 181

ヒステリシス損 …………………… 181

非接地方式 …………………………… 62

皮相電力 …………………………… 149

非直線抵抗 …………………………… 53

灯動共用変圧器 ……………………… 65

日負荷率 ……………………………… 23

表皮効果 ……………………………… 53

ピンがいし …………………………… 83

風力発電 ……………………………… 39

フェランチ効果 …………………… 155

負荷係数 …………………………… 121

負荷時タップ切換変圧器(LRT) … 100

負荷時電圧調整器(LRA) ………… 100

負荷分担 ……………………………… 71

復水器 ………………………………… 15

復水タービン ………………………… 18

普通支線 …………………………… 121

沸騰水型原子炉 ……………………… 29

浮動充電方式 ………………………… 45

不平衡絶縁方式 ……………………… 87

フラッシオーバ ……………………… 87

フランシス水車 ……………………… 4

ブリーザ …………………………… 177

プルサーマル利用 …………………… 31

プロペラ水車 ………………………… 4

分路リアクトル(SR) ……………… 51

並行運転 ……………………………… 71

ペルトン水車 ………………………… 4

ベルヌーイの定理 …………………… 3

ペレット ……………………………… 28

ベローズ ……………………………… 57

変圧器 …………………………… 48,61

変電所 ………………………………… 48

変流器(CT) ………………………… 52

ボイラ効率 …………………………… 16

方向性けい素鋼板 ………………… 102

放電開始電圧 ………………………… 53

飽和磁束密度 ……………………… 182

飽和蒸気 ……………………………… 14

他励式 ………………………………… 59

保護継電器 ……………………… 49,50

補償リアクトル接地方式 …………… 63

ま 行

マーレーループ法 ………………… 142

埋設地線(カウンタポイズ) ……… 86

密閉サイクル ………………………… 36

無効電力 …………………………… 149

無停電電源装置 ……………………… 41

モーメント ………………………… 121

や 行

有機物 ………………………………… 44

有効電力 …………………………… 149

有効落差 ……………………………… 3

誘電体損 …………………………… 136

弓支線 ……………………………… 121

揚水式発電所 ………………………… 32

ら 行

ラインポストがいし ………………… 83

ランキンサイクル …………………… 13

力率 ………………………………… 148

力率改善 …………………………… 150

臨界状態 ……………………………… 28

ループ式線路 ……………………… 166

ループ方式 ………………………… 115

冷却材 ………………………………… 29

励磁電流 ……………………………… 58

レギュラーネットワーク方式 …… 117

連系開閉器 …………………………… 99

六フッ化硫黄(SF$_6$) ……………… 51

六フッ化ウラン ……………………… 31

六ふっ化硫黄(SF$_6$) …………… 175

ロックフィルダム …………………… 2

【監　修】

石原　昭（いしはら・あきら）
　　　名古屋工学院専門学校テクノロジー学部電気設備学科　科長

【著　者】

南野尚紀（なんの・ひさのり）
　　　名古屋工学院専門学校　非常勤講師

電験三種　電力　集中ゼミ

2022 年 3 月 25 日　第 1 版 1 刷発行　　　　　　　　　ISBN 978-4-501-21650-4 C3054

　監　修　石原　昭
　著　者　南野尚紀
　　　　　Ⓒ名古屋工学院専門学校 2022

　発行所　学校法人 東京電機大学　　　〒 120-8551　東京都足立区千住旭町 5 番
　　　　　東京電機大学出版局　　　　　Tel. 03-5284-5386（営業）03-5284-5385（編集）
　　　　　　　　　　　　　　　　　　　Fax. 03-5284-5387　　振替口座 00160-5-71715
　　　　　　　　　　　　　　　　　　　https://www.tdupress.jp/

印刷・製本：大日本法令印刷（株）　　キャラクターデザイン：いちはらまなみ
装丁：齋藤由美子
落丁・乱丁本はお取り替えいたします。　　　　　　　　　　　　　　Printed in Japan